产品专题设计

抽油烟机

电子书

豆浆机

高清球型网络摄像机

金 海 李 煜 主编

中国轻工业出版社

图书在版编目（CIP）数据

产品专题设计 / 金海，李煜主编. — 北京 ： 中国轻工业出版社，2025.4

ISBN 978-7-5019-8774-0

Ⅰ. ①产… Ⅱ. ①金… ②李… Ⅲ. ①产品设计 Ⅳ. ①TB472

中国版本图书馆 CIP 数据核字（2016）第 025892 号

责任编辑：毛旭林　　责任终审：劳国强　　整体设计：锋尚设计
策划编辑：李　颖　毛旭林　　责任校对：燕　杰　　责任监印：张　可

出版发行：中国轻工业出版社（北京鲁谷东街5号，邮编：100040）
印　　刷：三河市万龙印装有限公司
经　　销：各地新华书店
版　　次：2025年4月第1版第7次印刷
开　　本：889 × 1194　1/16　印张：6.25
字　　数：154千字
书　　号：ISBN 978-7-5019-8774-0　定价：39.00 元
邮购电话：010-85119873
发行电话：010-85119832　010-85119912
网　　址：http：//www.chlip.com.cn
Email：club@chlip.com.cn

250561J2C107ZBW

前 言

随着信息网络化和全球化时代的到来，作为融科技学、技术、经济、文化于一体的工业设计领域，势必在观念、思维模式及方法等方面发生深刻的变化，作为工业设计专业的从业人员必将面临新的挑战，知识结构与解决问题能力的提升势在必行！

在新形势冲击之下，工业设计领域，设计从业人才和在校学生对设计资料的渴望日益强烈，目前获取资料的途径大致有两类：一类来自各种出版物，如：常用设计教材、学术期刊、商业与时尚杂志等，另一类来自各种形式的展览会，甚至广告等。从业人员急需获得更加真实的阐述设计思考过程样本。作为影响人类生活各个领域的产品，它既不是不期而遇的事物，也不仅仅是市场和工程技术的产物，它与我们的文化、生活方式息息相关。通过研究案例，才能看到草图、模型、最终产品，了解设计如何选择材料使产品达到令人满意的效果，了解设计师在设计过程中的思路及所使用的方法。

企业的设计实务不同于设计教育中的具体设计课程，虽然同属于设计实践，但前者更注重设计的结果，而后者更关注设计的方法和过程，同时更多关注探索性、创意性。21世纪初工业设计系就开设了专题设计课程，引入企业设计项目进入课堂，以项目化运作的形式进行专题设计教学，突出设计的过程性、能力性。

教材是学校教育教学、推进立德树人的关键要素，是国家意志和社会主义核心价值观的集中体现。本教材在遵循学科特点和教育教学规律的基础上，致力于全面、准确地落实党的二十大精神，充分发挥教材的铸魂育人功能，以全新的角度，按照设计开发的程序系统地整理了四个企业的设计案例，期望通过分析研究为设计从业者提供有效的、可供借鉴的学习资料。

作者

概　述

设计是一项操作性、实践性很强的专业活动，人类在漫长的岁月里已积累了丰厚的设计经验。到了20世纪60年代，这些经验随着设计学科的形成而上升为理论，成为设计科学的一部分。在设计学科中，设计程序及方法是最具操作性的理论，是由实践经验总结出来的成功理论，它们具有普遍意义，而且在不断发展和变化着。对于不同的设计项目、条件与要求，其方法可能有所不同，这需要设计者根据其实际需要加以选择和变换，甚至创新。设计程序及方法的设定与变换，也需要设计的智慧。

1　设计的程序

设计程序是设计实施的一个过程，包括从设计策划、实施、生产到销售的整个过程。每一设计都有自己的程序。设计程序因设计任务、目的、方法、条件及设计师状况的不同而表现出较大的差异。

1.1　一般的设计程序

一般的设计程序，也因设计对象的复杂程度、条件和时间、参加人员等方面的不同而有所变动。我们在从事设计时，应根据实际情况进行选择。

一般地讲，设计程序包括目标-管理-设计-实现四大步骤。在计算机作为辅助设计手段后，设计的一般设计程序可以分为六个步骤

第一步：确定问题。这是设计开始时最重要的一环，是以后设计各环节的基础。这可以通过预测技术、信息分析、科学类比、系统分析、逻辑分析等方法，取得设计对象的雏形或概念。确定问题包括限定问题，以便于操作，避免过于简单和过于复杂。

第二步：收集资料和信息。这些信息和资料是直接与设计相关的，因此，对信息和资料要进行适量的评价，如它的真实可靠性等。

第三步：列出可能的方案。通过联想法、逆向法、突变法、脑力激荡法、戈登分合法、属性列举法、仿生模拟法等方法，取得设计对象的几个具体方案。这些方案体现了设计师对设计对象的基本把握，并能由此而激发出新的想象和方案。

第四步：设计定案。从几个方案中选择较好的方案，或者将几个方案进行综合形成一个优秀方案，可采用表格的方式进行方案的比较。

第五步：设计审核。根据确定性指标与模糊性指标，综合评价所有设计对象，优化筛选，反馈论证。

第六步：设计管理。是对设计项目的全过程进行监督管理，以确保设计的圆满完成。

1.2　产品设计程序

产品设计程序是一般设计程序在产品设计中的具体化和细化。其设计过程包含了以下程序。

1.2.1　获取信息阶段

针对设计任务收集信息，在明确设计定位和设计诉求的基础上，需要尽可能全面、准确、直接地搜集与目标相关的信息资料。包括：社会经济环境情况和相关产品市场调查、目标消费者的需求动机和价值观念、企业竞争对手的相关资料、目标消费者对设计产品的期望值、产品制作材料与生产工艺技术资料、产

品的销售渠道等。把以上资料加以综合整理、分析研究，从中寻求解决问题的设计方案。

1.2.2 设计的准备阶段

在准备阶段研究分析结果的基础上，进行创造性的设计构思。构思阶段包括明确设计思路，运用创造性技法草图、草模等形式予以表现，包括结构草图、效果图；立体模型比例、尺寸关系，体量虚实关系，色彩、装饰效果；方案图——简单视图、总体结构装配草图、零部件结构草图、色彩效果图等。其构思的形成过程，往往有助于设计思路的不断深化，以及出现多个不同思路的设计初步方案。

1.2.3 设计方案决策阶段

本阶段包括两个部分：一是对构思阶段的多个方案进行比较、选择、优化，从中选出最佳方案；二是对该方案运用精确的表现手法使设计创意得到完美体现，包括设计策划书、各种表现图、设计模型及文字说明等综合形式，认真听取委托方要求和意见，完成最终方案设计。

1.2.4 设计的定案阶段

通过回顾该系统，提出各个环节项目的结论，把选定的方案具体化，并提供主要参考资料，以进一步研究各细节。

1.2.5 综合评价阶段

对设计方案进行综合评估，包括需求、效用价值、销售诉求（设计本身对需求者的“解说”能力）、市场容量、专利保护、开发成本（包括研究、设备与模具成本）、潜在利润、设备与技术的通性、预期产品寿命、产品的互容性（新旧产品交替和互换与共容特性）、节能等方面。通过比较和综合评价，检验系统，进行模拟实验，以确定实施的最佳方案。

1.2.6 设计管理阶段

对设计项目的全过程进行监督管理，以确保实施过程中能全面准确地体现设计师的设计意图，保证设计成果能达到相应的质量水准。产品设计还要进行试产（性能测试）和批量生产两个阶段，并建立完备的资料档案，对市场进行跟踪调查、搜集相关的客户反馈信息，发现具有潜在价值的新的需求内容，为下一步调整和开发新的产品设计作准备。

随着对设计管理认识的深化，企业目前已经不仅仅要求内部的设计部门或专业的设计公司为他们提供产品的外形设计和解决工程技术问题，而且要求他们提供完整的一揽子设计配套服务方式，即提供市场调研、顾客研究、设计效果追踪、人体工程学研究，模型制作和原形生产，一直到产品的包装和促销的平面设计活动等。

总之，设计过程是各部门统一协作的过程，也是一个不断变化、不断需要付出设计智慧的过程。

目　录

抽油烟机案例

电子书案例

豆浆机案例

高清球型网络摄像机案例

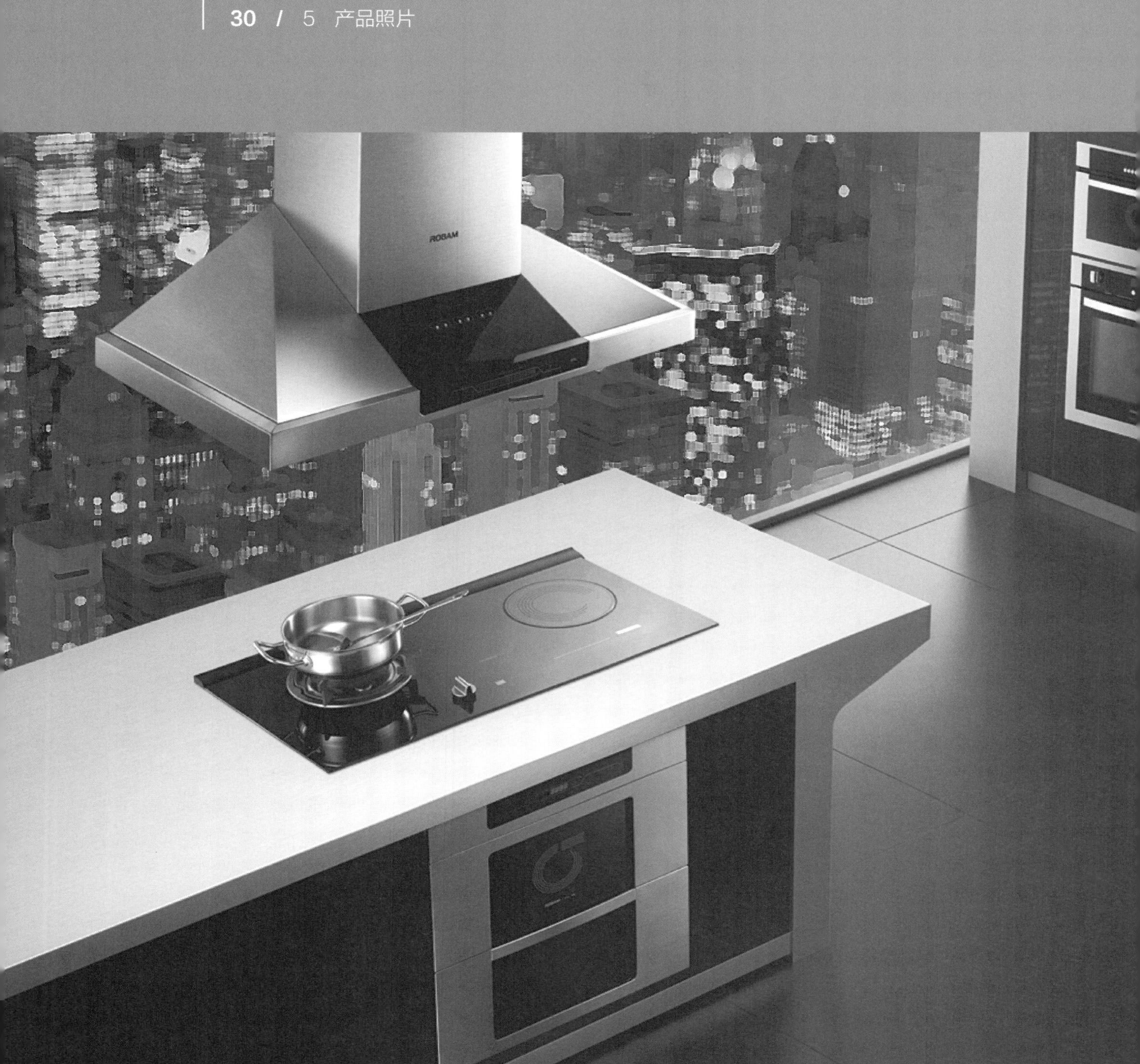
ROBAM

抽油烟机案例

1 产品背景

1.1 市场分析

中式深腔抽油烟机

欧式平板抽油烟机

市面上的抽油烟机主要分为中式深腔抽油烟机和欧式平板抽油烟机两种。前者有深腔，可以将油烟吸入深腔之中，防止油烟外溢，但是外观庞大笨重。后者拥有纤薄的机身与简约时尚的造型，但是抽油烟的效果不尽如人意。

根据客户单位的市场部调查数据显示，油烟机消费者所关注核心利益点分别为：吸排效果、噪音、易清洗。传统消费思维大吸力需求依然在消费者心中有较重地位，选购抽油烟机最直观的指标还是关注吸力大小与拢烟腔的深浅。另一方面，方太EH06深腔型烟机的畅销，同时验证了消费者对大吸力和深拢烟腔需求旺盛。深腔机型吸排效果较好，存在较大市场。

塔形抽油烟机，其结合了中式深腔抽油烟机和欧式平板抽油烟机两者的优点，满足了消费者对功能和外形的双重需求。

1.2 市场竞争环境分析

市售各品牌均较重视塔形机推广，西门子、方太最畅销的机型均是塔形机，以下是方太、西门子品牌整体产品结构布局分析：

市场推广层面，帅康主推其新型塔形机T766，主要卖点为“无印良品”，即不锈钢不黏手印，无缝内腔；方太主推EH06，主推15cm深腔；西门子主推36955，主要卖点在于不锈钢发丝工艺，人性化开关设计等。

品牌	产品系列	现有型号	产品数量
方太	平板	EH10、EH01、EH02S、EH07、EA03S、EH02	6
	飞翼	EH03（已 退 市）、EH08（已 退 市）、EH11D、EH13	2
	塔形	EH06	1
	侧吸	JX01、JX02、JX03、EA01	4
	中式	SY07、SY05、SY06、SY02、SY03、SY04	6
	联动	EH04S、EY01（1米平板）	2
	中导	EA02	1
合计			22
西门子	平板	32955、37956、37957、47955	4
	塔形	36955、32953	2
	飞翼	32943、36943	3
	中式	11713、11723、15713、15723、16713、16723	6
	高端	47955	2
合计			17

2 项目综述

8216抽油烟机是8216三件套中的抽油烟机产品，是继第一款“跨界机型”8210抽油烟机后的升级产品。8216也是当时客户产品线中最高端的产品。

2.1 设计输入

客户提出的设计诉求如下表：

2.2 前期调研

2.2.1 人群分析

根据客户对于定价的定位和对这款产品在其产品线上的定位，我们可以确定这款产品针对的是高端市场和高收入家庭，用户年龄在30-40岁，对于生活品质要求较高。

这类人群不仅对产品的外观有较高要求，而且需要产品的品质感来体现其品位。对于他们来说，集良好的抽油烟功能和纤薄的外形为一体的“跨界”产品是一个很好的选择。

<table>
<tr><td rowspan="4">产品外观需求</td><td>造型需求</td><td>不锈钢跨界机型
通过设计表现深腔，使吸排效果的优势令消费者能够很直观的感受</td></tr>
<tr><td>色彩需求</td><td>一体化不锈钢亮银色为主</td></tr>
<tr><td>风格需求</td><td>刚毅，时尚；配合8216套装一体风格、深色镜面</td></tr>
<tr><td>人性化设计</td><td>免拆洗、灯光处理、套装一体化</td></tr>
<tr><td rowspan="2">产品功能需求</td><td>核心功能</td><td>吸排效果保持同传统欧式风道一样的垂直放置方式</td></tr>
<tr><td>人性化功能</td><td>能滑动触摸开关、冷光灯斜射功能</td></tr>
<tr><td>产品的核心卖点</td><td colspan="2">跨界风格，套装化一体设计
垂直风道结构，超薄烟管，依然保持大风量、高风压、低噪声三项优异指标
免拆洗</td></tr>
<tr><td rowspan="2">材料尺寸</td><td>尺寸</td><td>895mm标准尺寸。薄型风道，装饰管进深控制在330mm以下，宽度适度加宽</td></tr>
<tr><td>材料</td><td>不锈钢、创新材料</td></tr>
<tr><td>成本需求</td><td>零售价格需求</td><td>4000–4500元价格区间</td></tr>
</table>

2.2.2 同类产品分析

各品牌厨房三件套高端市场的竞争性产品，在侧重点上有着显著的差异。

方太银典3系

方太银典3系	
感官	银色高光金属色调打造华丽感与经典感
功能操控	经典的银色物理按键与橙色数码屏幕统一了套系内产品的操作方式
综合	色调明亮，色彩对比强烈

方太银智3系

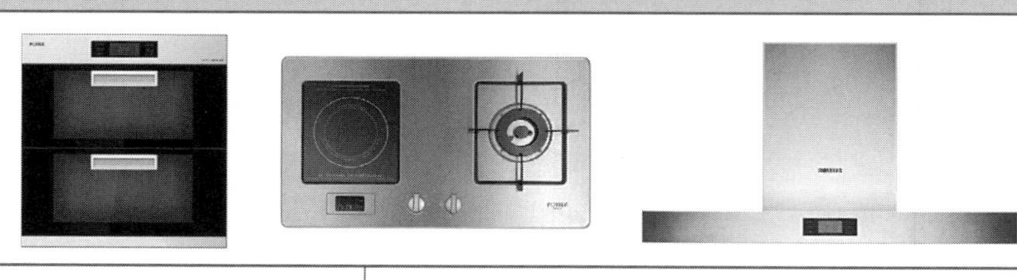

方太银智3系	
感官	黑色亚克力与银色亚光金属结合，制造简约的设计感与大屏幕的错觉
功能操控	经典的银色物理按键与橙色数码屏幕统一了套系内产品的操作方式，用电磁炉与传统灶台结合与对比，直指未来厨房的趋势
综合	设计感强，黑晶冷艳高雅，色彩对比强烈

方太银尚3系

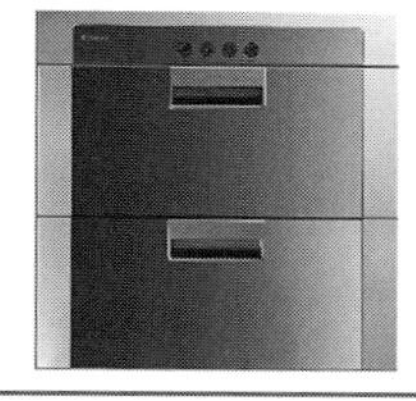

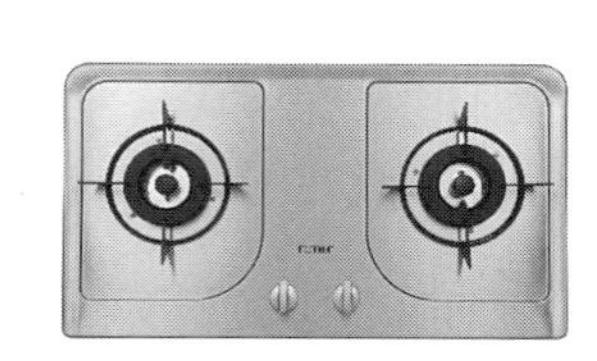

方太银尚3系	
感官	银色亚光金属与简约的造型凸显时尚感
功能操控	使用简约的物理按键，不带数码屏幕
综合	时尚感强，外形简约

方太晶致3系	
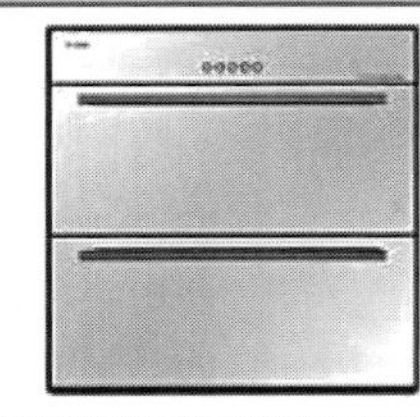	
感官	黑色包亚光银色金属结合，突出产品的形态轮廓
功能操控	使用经典的物理按键操作方式
综合	轮廓分明，形态方圆与色彩对比强烈

方太晶睿5系	

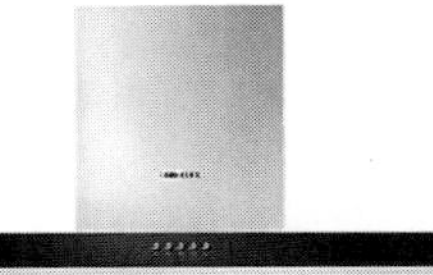	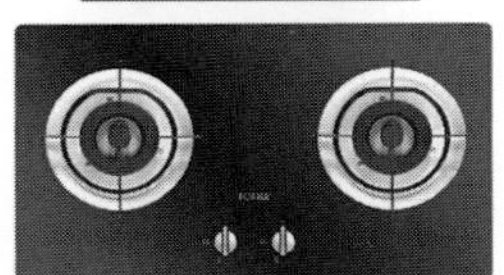
感官	透明材质与黑色调结合，营造出冷艳的“黑晶”的效果
功能操控	经典的银色物理按键与橙色数码屏幕统一了套系内产品的操作方式
综合	设计感强，黑晶冷艳高雅，色彩对比强烈

方太银睿5系	
 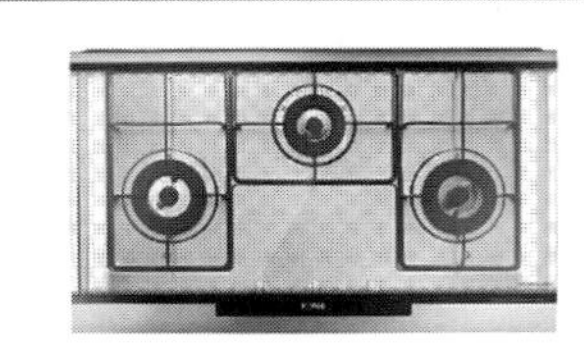	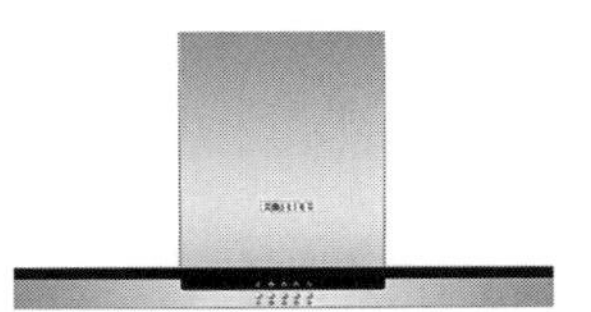
感官	白钢质材质的银色与亚克力结合，营造出色调明亮、质感洁净的效果
功能操控	经典的银色物理按键与橙色数码屏幕统一了套系内产品的操作方式
综合	设计感强，色调明亮洁净

方太光影6系O-Touch

感官	充分表现了玻璃表面的光影美感 时尚、科技、未来感
功能操控	感应按键：标志性的橙色光圈统一了套系内产品的操作方式
综合	外观设计感强，夺目华丽，引领时尚潮流 橙色光圈的运用，套系感强

西门子LC35SK955TI

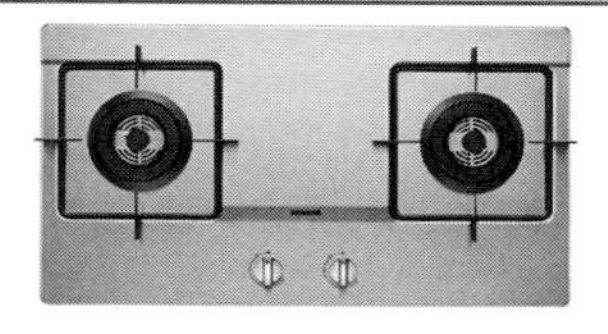

感官	一贯的简约、严谨、厚重、专业
功能操控	智能感应按键，与灶台联动 自动调节风力大小 烟机自动清洗功能
综合	外观简约质朴，褪去浮华、凸显内在的功能

各品牌主销产品定位图示：

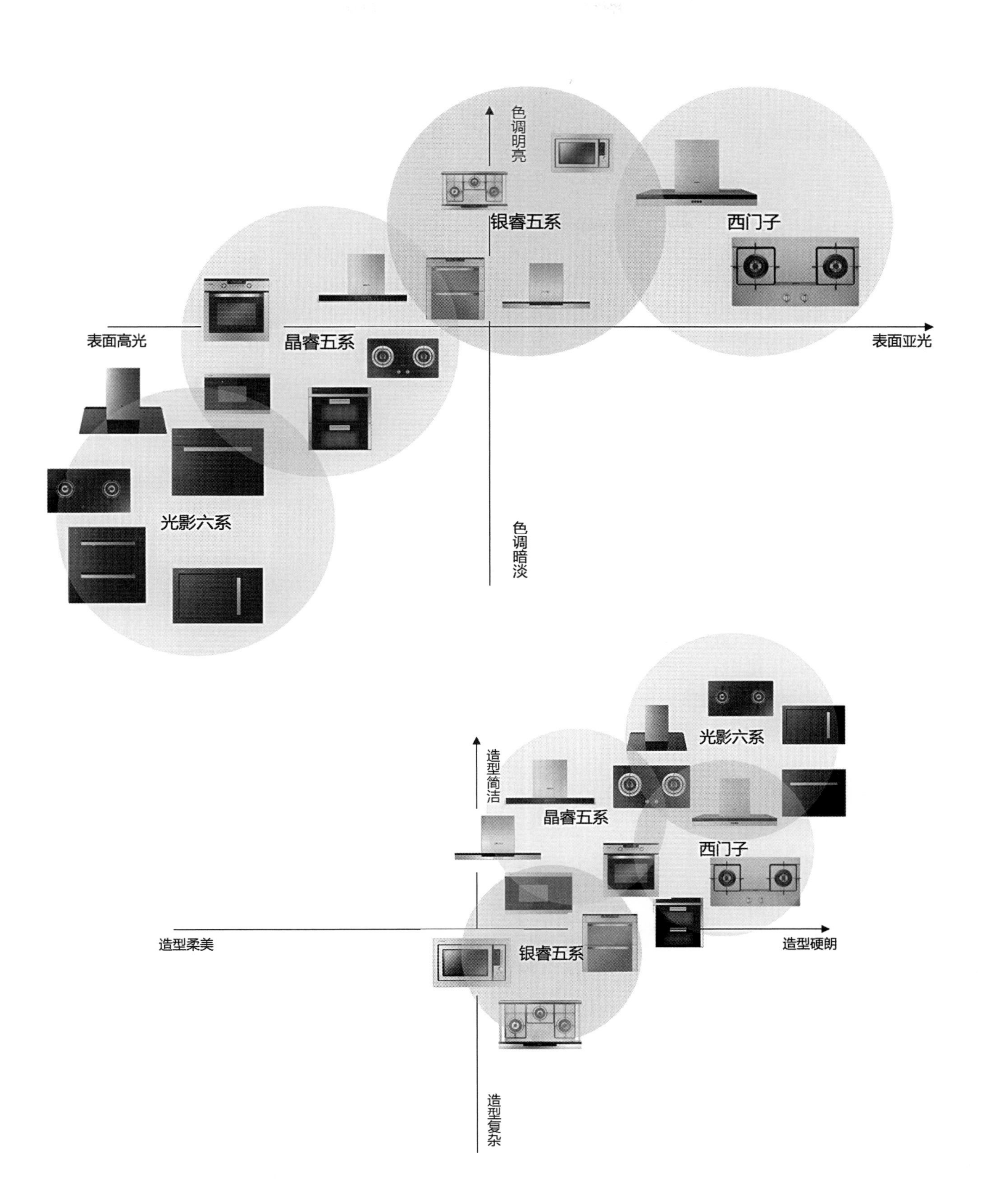

2.2.3 甲方产品品牌分析

品牌定位 Positioning	高端整体厨房
竞争优势 Competitive Strength	专业制造历史长、市场份额大、品牌价值高、生产规模大、产品类别齐全、销售区域广
品牌理念 Slogan	“做一个让社会尊敬的企业”
企业目标 Business Goal	“改善人类的烹饪环境”，把中国悠久的饮食文化与先进的科学技术相结合，让每个家庭都享受到由精湛科技带来的轻松烹饪
公司文化 Company Culture	“创新、责任、务实”的老虎钳精神
产品关键词 Product Keywords	科技领先、品质优异

本次客户要求设计的产品8216抽油烟机是8210后的一套升级产品。而8210是客户“跨界”产品线中的第一款产品，基本奠定了跨界型抽油烟机的设计基调。8210抽油烟机从2008年上市以来畅销不衰，是老板电器高端烟机的代表机型。但随着技术的发展，其传统的电子按键操控方式和风机功率已经不能与市售的其他品牌产品相抗衡，再加上竞争对手新品层出不穷，而8210多年未做外观更新，经过多轮促销与调价，该产品已逐渐步入利润下滑的成熟期。为了应对即将到来的产品衰退期，老板电器急需一款基于8210技术平台的换代方案。

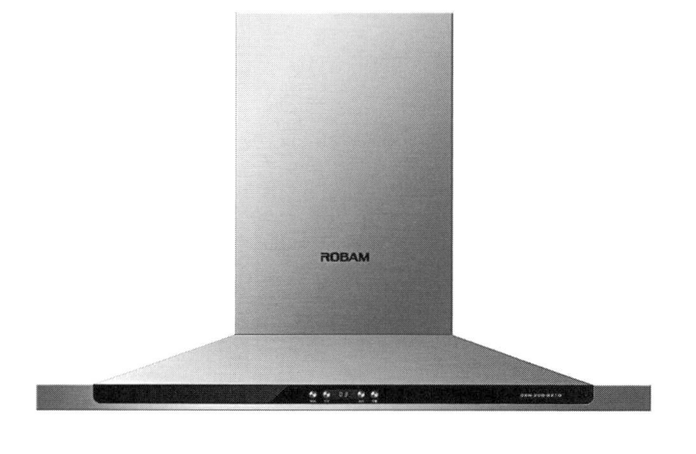

8210抽油烟机的基本参数：

<table>
<tr><td>产品详情</td><td colspan="2">• 行业首款跨界（Crossover）时尚造型，跨越平板简直与深腔刚毅，代表一种新锐的时尚态度和生活方式；
• 激光效果铝合金按钮，黄绿色音乐数码电子开关，双挡强弱风力，1~9分钟延时功能；
• 28300立方毫米纵深内腔，一次冲压成型，真正全无缝隙；
• 专利“免拆洗A++”过滤网，油烟上升畅通无阻，高效过滤油烟，快速排油；
• 360度立体螺旋吸风，320Pa超大风压，解决传统塔型机因进风口离灶台过远，油烟上升距离过长而造成油烟飘逸开的缺陷；
• 专利双劲芯风机系统，实现17超大风量，53超低静音，风量静音双达标，劲吸速排，保持恒久洁净。</td></tr>
<tr><td rowspan="7">技术参数</td><td>排风量 / (m^3/min)</td><td>17</td></tr>
<tr><td>机体尺寸 / (mm)</td><td>895 × 520 × 600</td></tr>
<tr><td>最大风压 / (Pa)</td><td>310</td></tr>
<tr><td>出风口径 / (mm)</td><td>Φ170</td></tr>
<tr><td>照明 / (W)</td><td>≤2W</td></tr>
<tr><td>电机输入功率 / (W)</td><td>200</td></tr>
<tr><td>噪声 / (db)</td><td>53</td></tr>
<tr><td>设计特点</td><td colspan="2">其外形时尚、简洁，斜边造型既保证了深腔的深度，又在视觉上减小了油烟机的体量感，让产品看起来仍然是一款纤薄的平板抽油烟机</td></tr>
</table>

附：产品生命周期知识
典型的产品生命周期一般可分为四个阶段，即导入期、成长期、成熟期和衰退期。

（1）介绍（投入）期。新产品投入市场，便进入介绍期。此时，顾客对产品还不了解，只有少数追求新奇

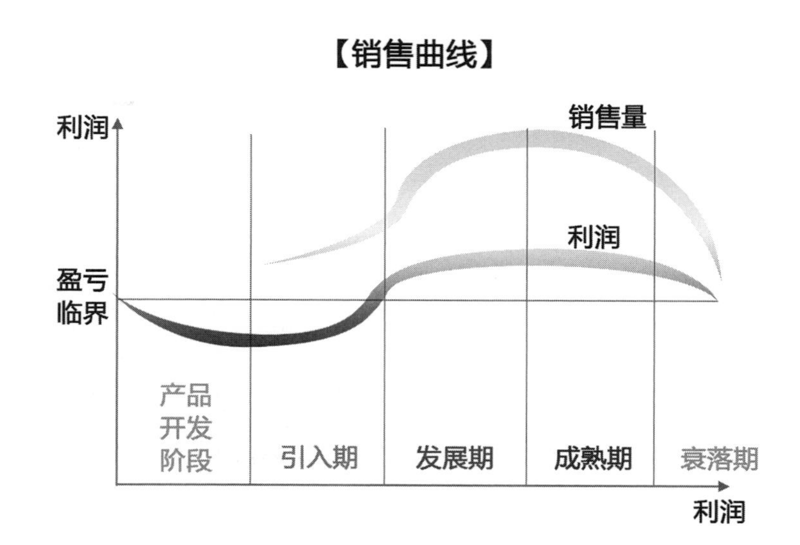

销售曲线

的顾客可能购买，销售量很低。为了扩展销路，需要大量的促销费用，对产品进行宣传。在这一阶段，由于技术方面的原因，产品不能大批量生产，因而成本高，销售额增长缓慢，企业不但得不到利润，反而可能亏损。产品也有待进一步完善。

（2）成长期。这时顾客对产品已经熟悉，大量的新顾客开始购买，市场逐步扩大。产品大批量生产，生产成本相对降低，企业的销售额迅速上升，利润也迅速增长。竞争者看到有利可图，将纷纷进入市场参与竞争，使同类产品供给量增加，价格随之下降，企业利润增长速度逐步减慢，最后达到生命周期利润的最高点。

（3）成熟期。市场需求趋向饱和，潜在的顾客已经很少，销售额增长缓慢直至转而下降，标志着产品进入了成熟期。在这一阶段，竞争逐渐加剧，产品售价降低，促销费用增加，企业利润下降。

（4）衰退期。随着科学技术的发展，新产品或新的代用品出现，将使顾客的消费习惯发生改变，转向其他产品，从而使原来产品的销售额和利润额迅速下降。于是，产品又进入了衰退期。

2.2.4 设计定位

通过竞争对手产品定位的分析和对客户品牌定位的分析，项目组需要投身竞争最为激烈的主流市场，去做“人有我优”。

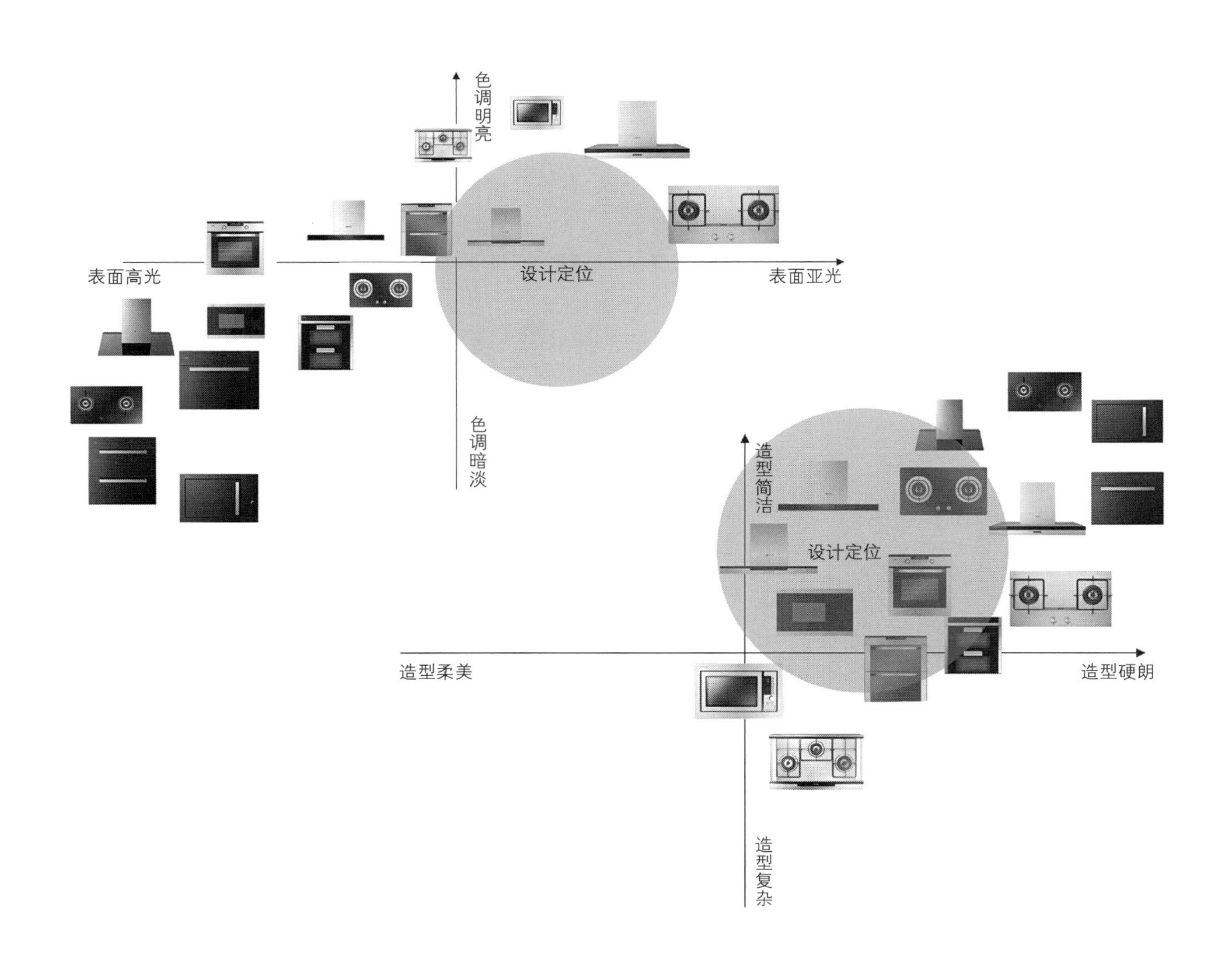

3 设计过程

3.1 设计概念快速表达

3.1.1 概念草图

抽油烟机产品在销售时主要展示的是正面形态，所以客户非常关心产品的正面形态。另一方面，此类产品的材质较为单一，因此在本项目中设计师直接使用Photoshop绘制方案的正视图，实现高效而逼真地表达出产品目的。快速绘制出正视图方案后，即可与客户做进一步沟通。

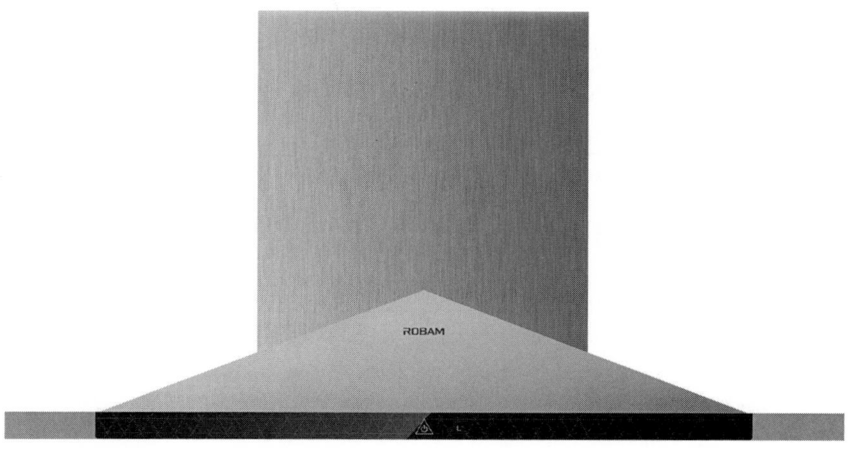

8216概念方案，以下将展示如何绘制该款方案

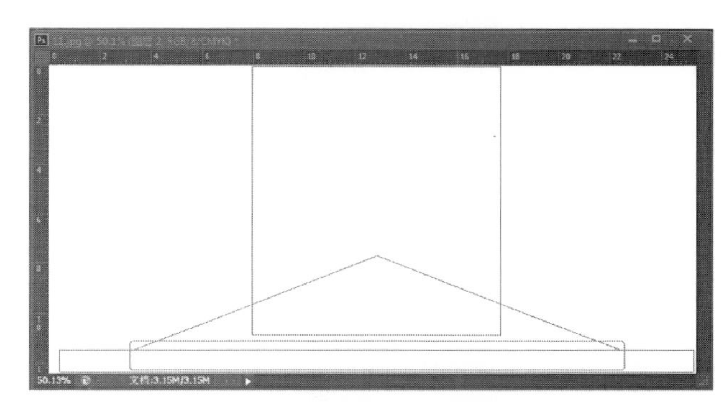

（1）用“矩形工具”“多边形工具”和“圆角矩形”工具绘制轮廓路径。

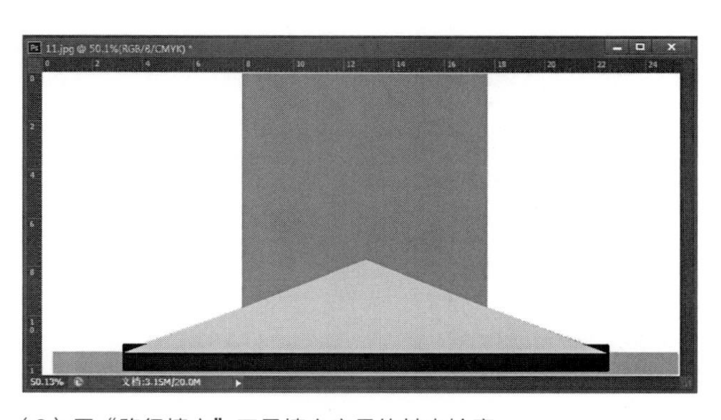

（2）用“路径填充”工具填充产品的基本轮廓。

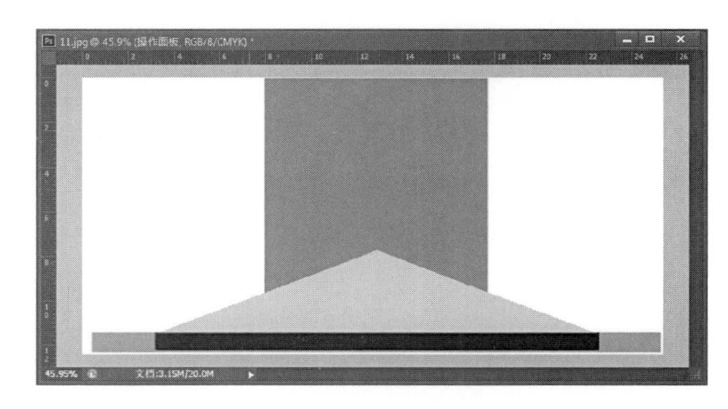

（3）对填充好的色块进行修剪，使产品的形态出现。

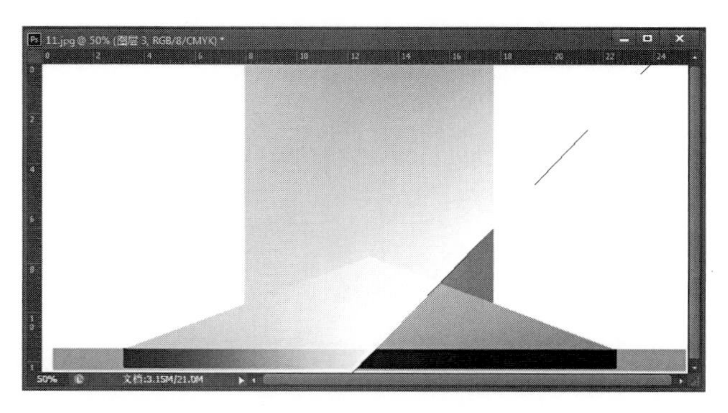

（4）在新的图层上绘制面板高光，并修剪高光、调节透明度，使其适合形状。

（5）使用滤镜→杂色→添加杂色工具，为风道添加杂色，使其更加接近真实材质。

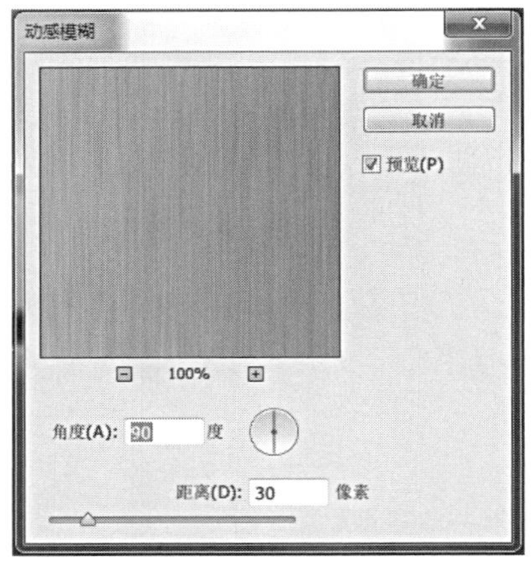

（6）使用滤镜→模糊→动感模糊工具，为风道添加模糊，形成金属拉丝效果。

（7）使用图像→调整→色相/饱和度工具，降低风道金属拉丝效果的饱和度，使效果更加真实。

（8）使用“多边形”工具绘制三角形。排列成面板上的丝印图案。

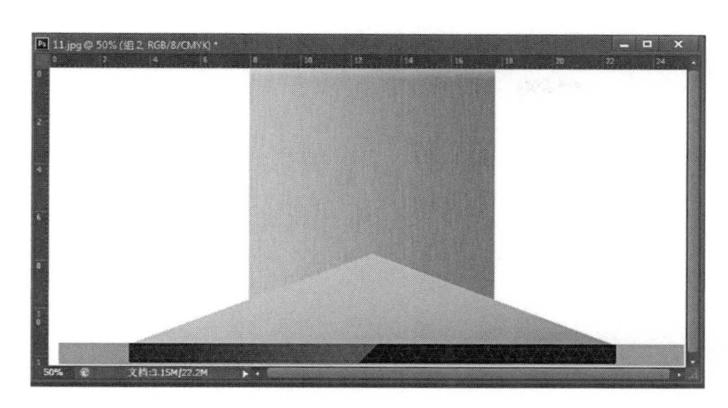

（9）对图案进行修剪，并调整透明度。

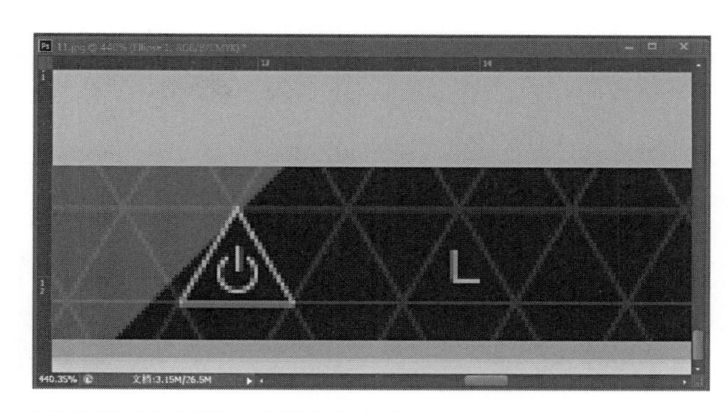

（10）用“多边形”工具绘制灯光效果。

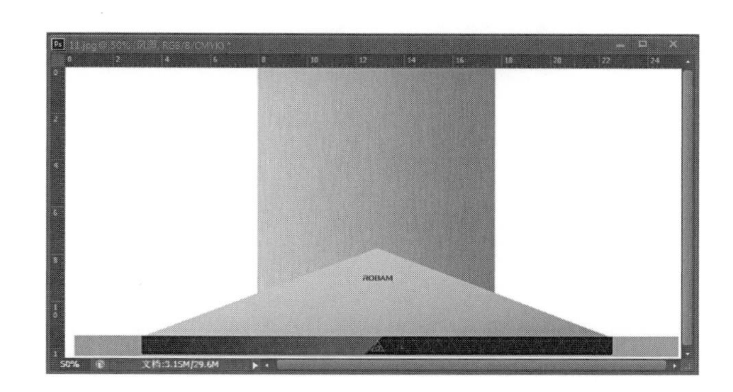

（11）最后，加上产品的商标。

3.2 设计方案

3.2.1 设计方案呈现与筛选

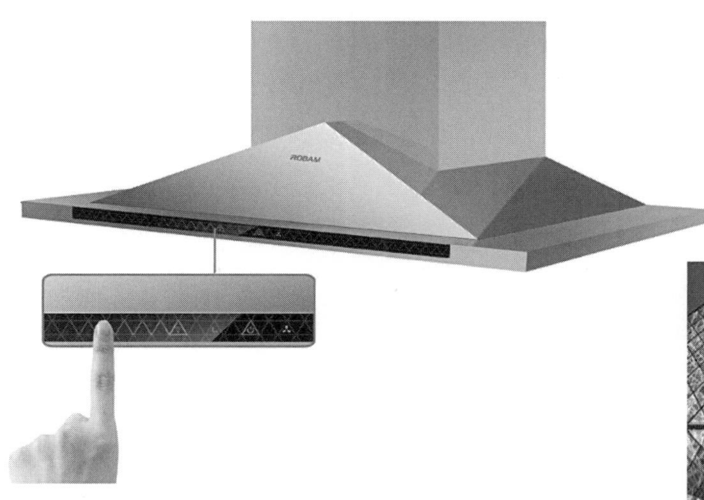

方案一：金字塔

主题说明

源自巴黎卢浮宫现代金字塔的现代主义风格

菱形的框架结构体现科技与艺术的结合

尖的塔顶表现自信与安全的气质

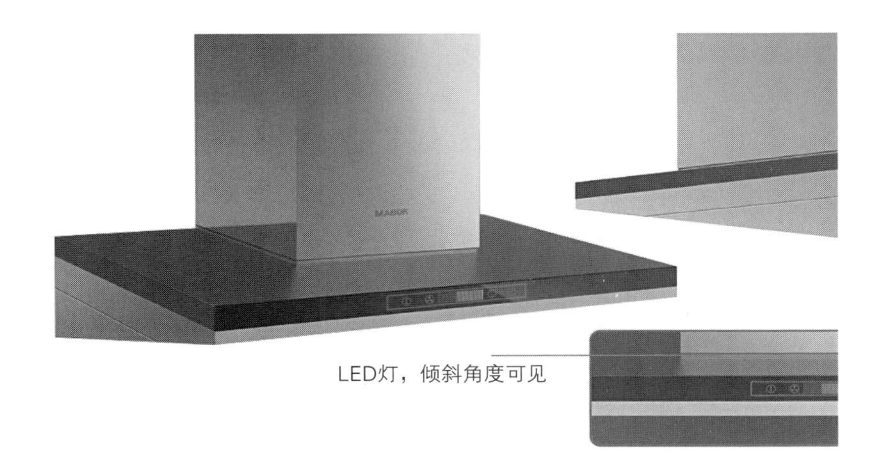

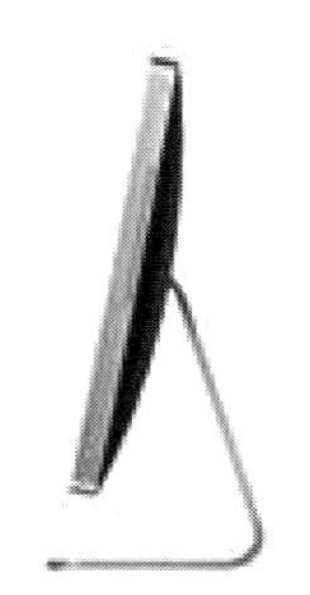

主题说明

化繁为简，极简的进化

进化烟机，将“跨界”延伸至侧吸式领域平板+深腔+侧吸

黑白搭配的矛盾与统一，大气干练

方案二：进化

通透的面板上做Touch操控在手机行业首次运用，给人眼前一亮的感觉

上部材质做成磨砂灯箱效果，与下部通透感操控面板形成对比

主题说明

水晶给人的感觉是高雅洁净的，用时下流行的水晶材料做操控面板，给厨房带来一种通透的感觉

方案三：水晶

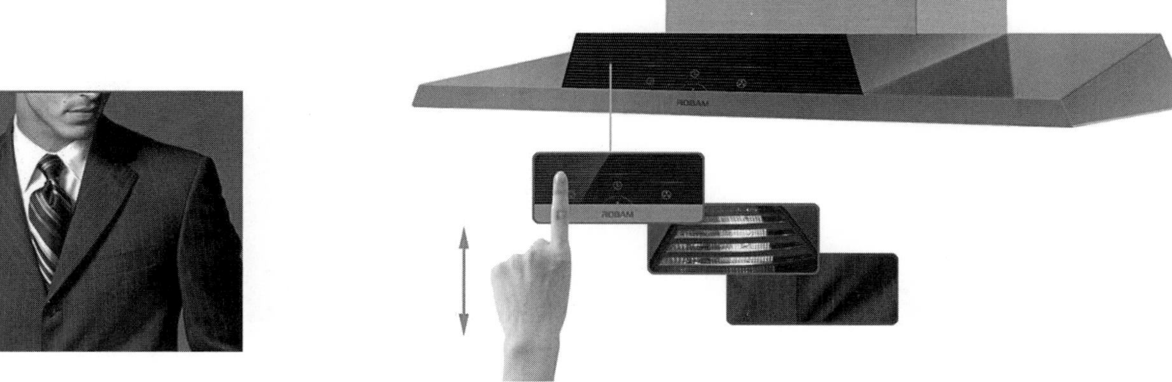

方案四：尚领

主题说明

西服体现尊贵与领袖气质
提炼西服衣领的利索剪裁线性
与错落有致的元素

凸显科技感，操控将汽车品端
与西服条纹相结合

3.2.2 最终外形方案

在实际项目中，经常会将几个不同方案的特点结合而产生新的方案。在项目早期，草案往往会比较发散，用于探测客户心目中的设计方向，或者筛选出不可行的方向。在中期，则需要将发散的多点整合在一起，产生最佳的方案。

客户摘取了各个方案中能够满足设计需求的部分。

1）从外观上体现深腔吸排优势的方案，即需要高耸的拢烟腔。

2）在外观上体现触摸操控的新特征，因此需要大面积的表现触控空间。

最终优化后的设计方案，在正视图方向与8210有不少传承的痕迹，但对于拢烟腔的表达明显更为强烈。并且由于采用了大面积的黑色镜面设计，显得更为现代和科技感。

正选方案效果图

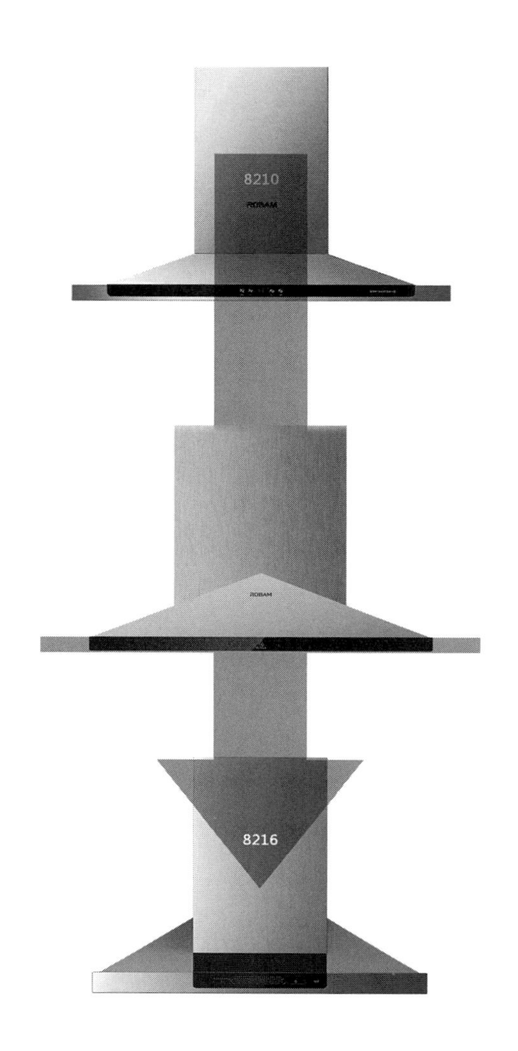

图为8210到8216的外形传承

3.2.3 最终方案的呈现

在最终方案中，风道的用材从亚克力改为了纯不锈钢，这是考虑到实际安装中，不同户型所需要的风道高度不同，而之前我们使用的亚克力材质在长度的机动调整上存在困难，如果使用不锈钢风道，则可以按照用户的户型进行简单的定制。

另外，操作面板的材质从玻璃改为了亚克力，一方面是因为亚克力材质相对于玻璃，可以更加细致地与不锈钢面板配合，另一方面是因为亚克力的成本比较低。

场景图

最终效果图

4 产品实现阶段

4.1 产品爆炸图

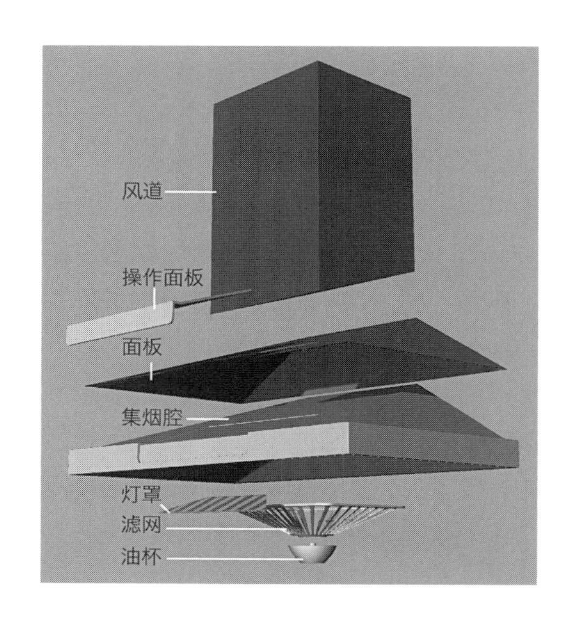

4.2 产品成型工艺

4.2.1 钣金加工工艺

油烟机面板由不锈钢通过钣金加工成型。

钣金加工包括压制、剪切、冲裁、冲切、弯曲、穿孔、冲压、铣削和车削等金属片材加工工艺。

钣金冲压是该油烟机面板成型的重要工序，它既包括下料、冲裁加工、弯压成型等方法及工艺参数，又包括各种冷钣金冲压模具结构及工艺参数、各种设备工作原理及操作方法，还包括新钣金冲压技术及新工艺。钣金冲压加工的方法主要有下料、成型、铆接、焊接。

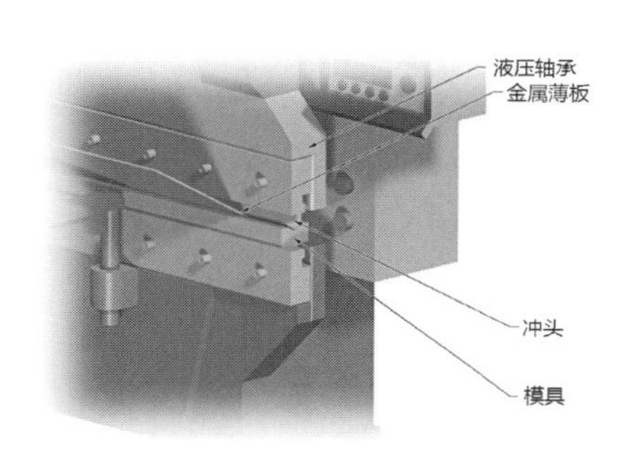

钣金折弯机外观

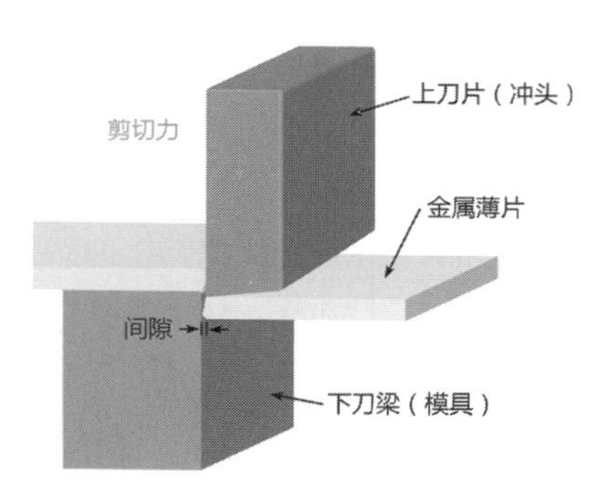

钣金剪板机外观

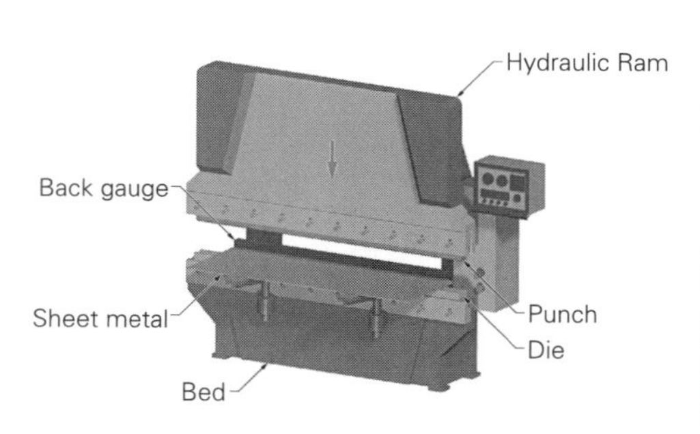

钣金折弯工艺原理图

工人正在使用机器折弯钣金

钣金剪切工艺原理图

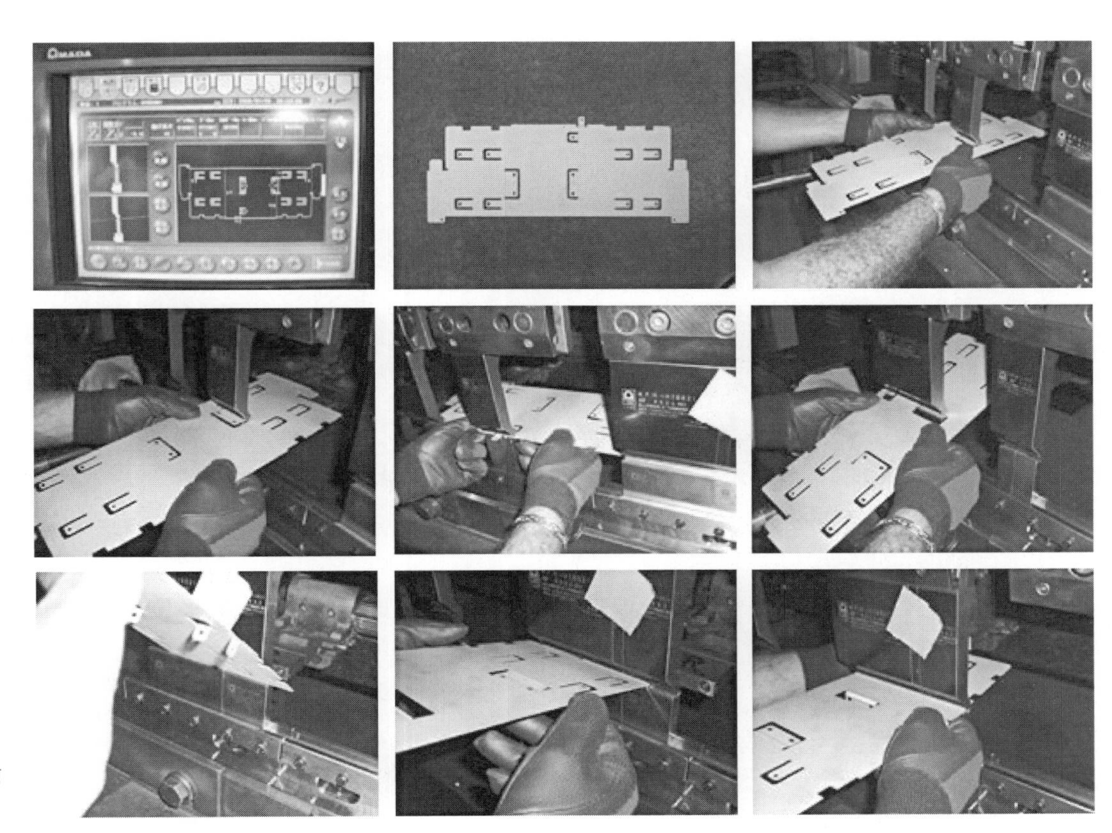

工人正在使用机器剪裁钣金

客户单位的车间内景

冲压后的不锈钢片材（烟机正面）

工人正在对不锈钢零件进行打磨（烟机内腔）

工人正在对不锈钢零件进行冲孔

工人正在对不锈钢零件进行翻边

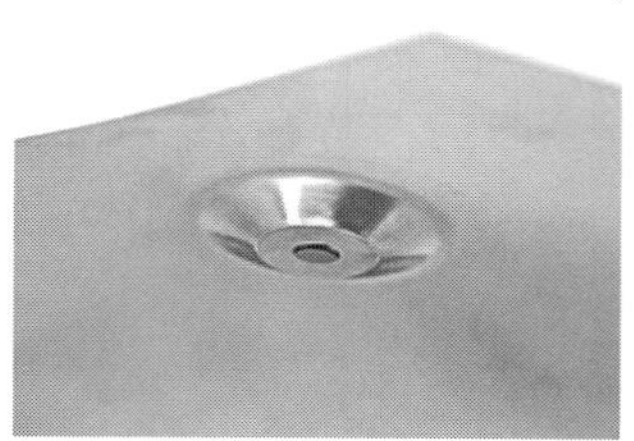

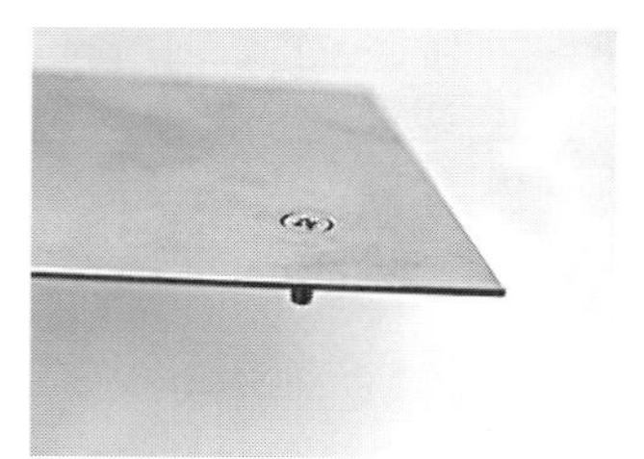

完成冲孔后的不锈钢零件

4.3 表面处理工艺

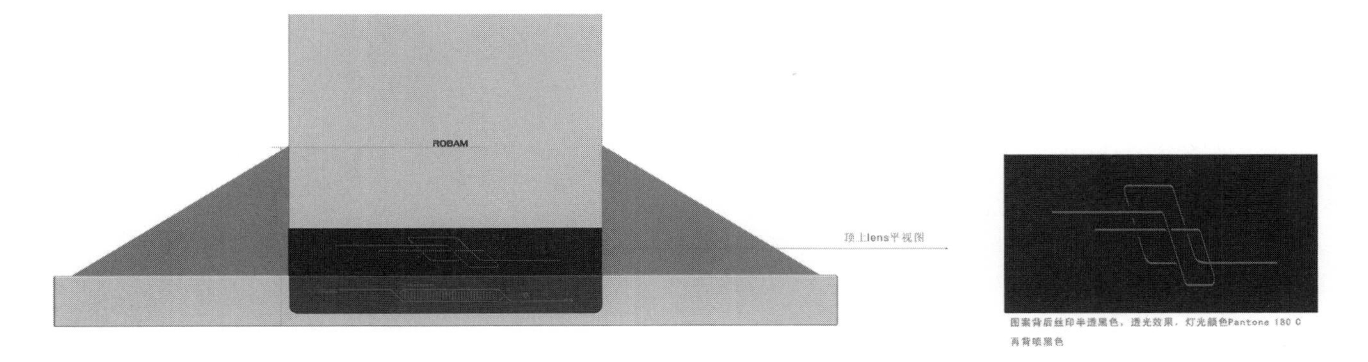

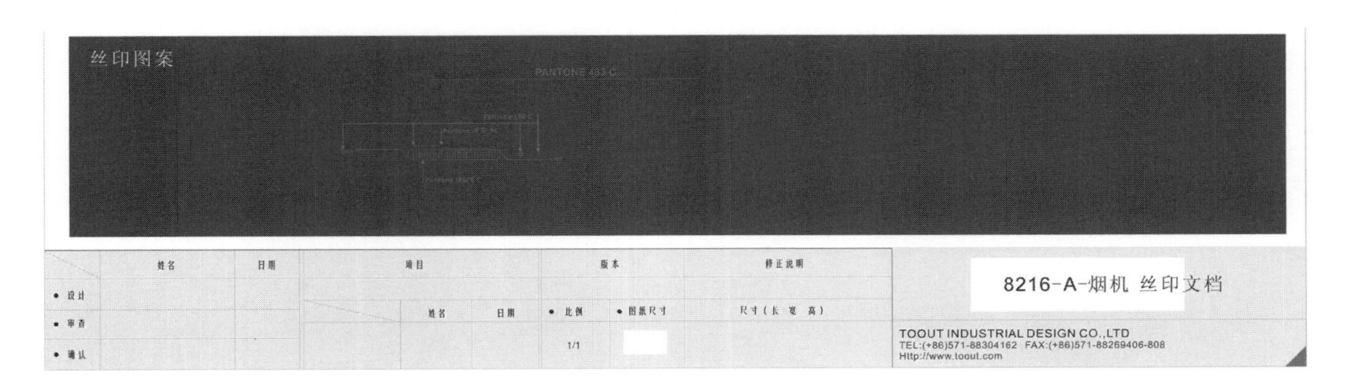

8216抽油烟机的工艺丝印文档（制作手板用）

手板产品研发过程中的模拟模型，是一种用来评估产品外观与功能的方式。

本项目主要设计产品的外观与操作方式，所以我们会在手板上模拟产品外观的效果，如产品的顶部丝印和操作面板都有背光效果，我们会使用LED灯进行模拟。另外，产品的面板使用不锈钢材质，但是手板模型实际是用塑料制作的，我们会在表面加上暖银色金属漆来模拟不锈钢的效果，有时候还会加上金属拉丝的表面处理。

部件	真机	手板
装饰桶、深腔等	不锈钢拉丝	ABS喷银漆
镜面	亚克力片材	亚克力片材
触控按钮	IML工艺	丝网印刷模拟
装饰灯	LED灯	LED灯

5 产品照片

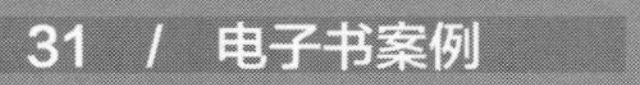

31 / 电子书案例

电子书案例

1 产品背景

电子书是一种便携式的手持电子设备，专为阅读图书设计，它有大尺寸的专用显示器件，一般内置网网络芯片（Wi-Fi、4G），可以从互联网上方便的购买及下载数字化的图书，并且有大容量的内存可以储存大量数字信息，一次可以储存大约几十本以上的传统图书，特别设计的显示技术可以让人舒适地长时间阅读图书。

电子书便携、容易使用、大容量的特点非常适合现代生活，数字版权贸易和互联网技术的发展，使电子书的用户可以以更低的价钱方便的购买到更多的图书，为电子书的流行奠定了基础。

目前电子书显示器件较多采用“E-ink”技术，中文称为“电子墨水”。电子墨水显示技术实质是通过电子墨水微胶囊的旋转来实现显示，屏幕本身不发光，所以在日光照射下也可以清晰显示，对人的视觉刺激柔和，可视角度广。因此，电子墨水技术是目前最接近传统印刷效果的显示技术，因其技术特色还具有功耗极低、器件体积小的特点。

美国亚马逊公司最早于2007年发布第一代Kindle系列电子书，当时就使用了电子墨水屏幕。Kindle电子书去除了储存扩展、背光等不必要的功能，使得电子书阅读器有优秀的续航能力和纯粹的阅读体验。Kindle电子书阅读器和亚马逊电子书网站广告的无缝对接使其产品一直有着活力，而电子书阅读器的低成本也使得其保持高利润。之后三年是电子墨水电子书发展最迅速的三年，许多国产厂家跟进，发布了自己的电子墨水电子书产品，电子书市场呈现百花齐放的态势。

目前，亚马逊公司的Kindle电子书阅读器依旧是世界上销售得最好的电子书产品之一。2011年，亚马逊推出了Kindle Fire系列电子书，不再使用黑白的电子墨水屏幕，但是其电子墨水产品依然畅销不休，并成为电子书产品设计与品质的标杆。

图：电子书

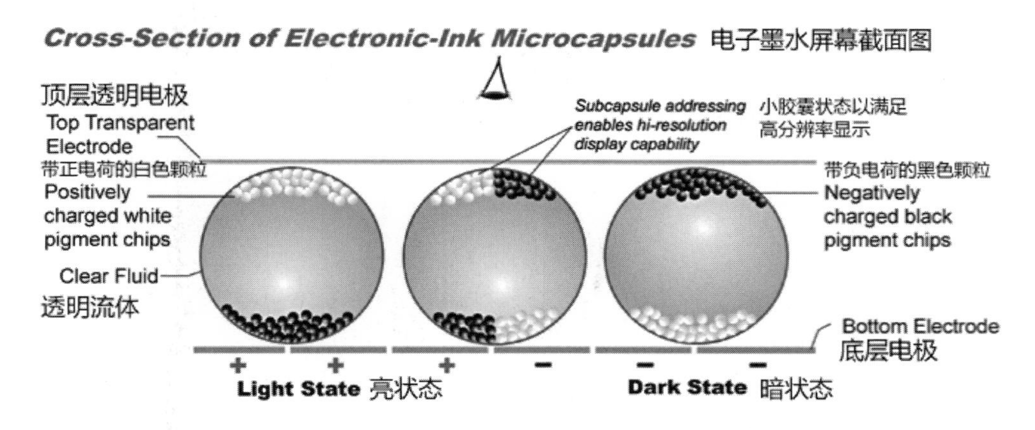

图：E-ink显示原理

2 项目综述

2.1 设计输入

此款电子书产品为移动运营商定制型号，产品屏幕规格为6英寸及9.7英寸两种，在此基础上实现产品的系列化。客户的具体需求见下表。

产品外观需求	造型需求	在外观设计上，需要体现产品的质感，纤薄，干净，简洁明快，大方，便捷等特点
	色彩需求	色彩偏向白色等无彩色或轻色彩等，避免过多色彩
	风格需求	6'规格电子书更偏向大众化产品，亲和力较高，而9.7'电子书偏向专业的媒体应用（杂志、报纸等）
产品功能需求	人性化功能	要考虑到按键位置的细节设计 皮套的设计应该考虑在整个设计当中 考虑SIM卡卡槽的细节设计 要考虑到触摸笔插槽的细节设计
材料尺寸	尺寸	主机厚度控制在12mm以内
	材料	ABS+PC

2.2 前期调研

2.2.1 人群分析

根据客户的诉求，本产品的消费者主要为两类。我们制作了“图画板”，用来分析目标消费者的消费喜好。“图画板”通过相互关联的图片，直观表现了各类人群的日常喜好，譬如青睐的色彩、品牌、风格等，为设计提供了有益参照。

一类是高端商务人群。这类人群对产品的品质感要求较高，对外观的喜好偏向雅致、沉稳，但是对其

图：高端商务人群图画板

功能要求并相对不高。

另一类人群是20-25岁的学生，对外观的喜好偏向科技感、时尚感。这类人群不仅对产品功能要求高，并对产品的价位有一定要求。

第三类人群是25-30岁的年轻用户，这一类用户对外观的喜好偏向简洁、清新，并追求时尚感，对一些品牌有忠诚度，对于产品功能有一定的要求。客户的品牌可能难以吸引这类人群。

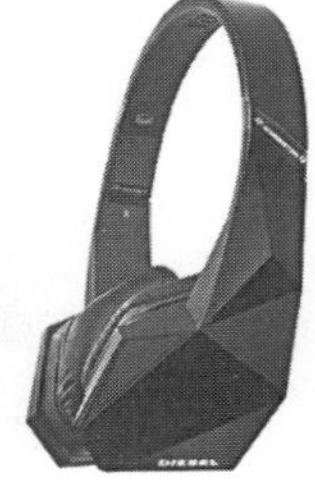

图：学生人群图画板

图：年轻用户人群图画板

2.2.2 竞品分析

目前国内市场上主流的电子书产品主要有亚马逊Kindle、汉王、bamboo等品牌。对这些品牌产品设计风格的归纳如下。

Kindle系列产品外形简洁，功能感和机械感强烈，风格家族感强。沉稳的外形可以吸引高端商务用户，亲民的定价可以吸引学生群体，品牌因素对年轻人也是一个很大的诱惑。

amazonkindle

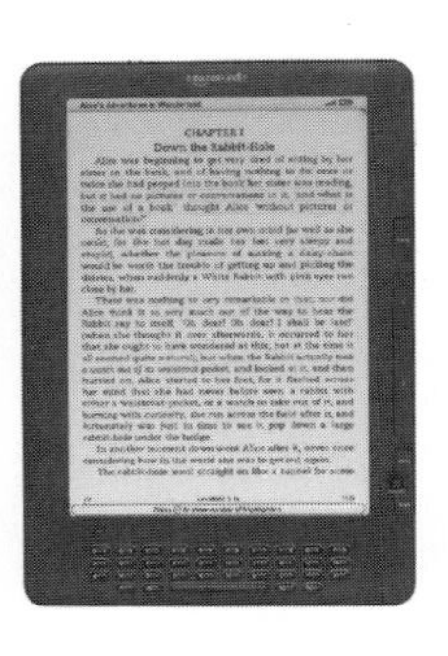

汉王是国内较早开发电子书产品的厂商。前代产品偏商务风格，科技感强，后代产品偏简洁风格，外形圆润、时尚。

SONY产品外形继承了SONY品牌一贯的中庸风格，两代产品分别体现功能型外形与简洁型外形，品牌因素主要吸引年轻人和学生，中庸沉稳的设计风格也会吸引一部分商务人士。

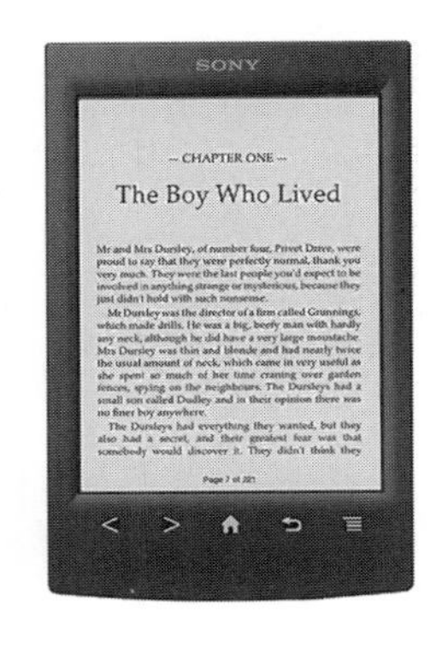

kobo产品正面形态简洁，风格自立一派，通过丰富多彩背面材质与肌理来增加产品的时尚感，主要吸引年轻人和学生。

Bamboo产品正面形态简洁，风格自立一派，通过丰富多彩背面材质与肌理来增加产品的时尚感，主要吸引年轻人和学生。

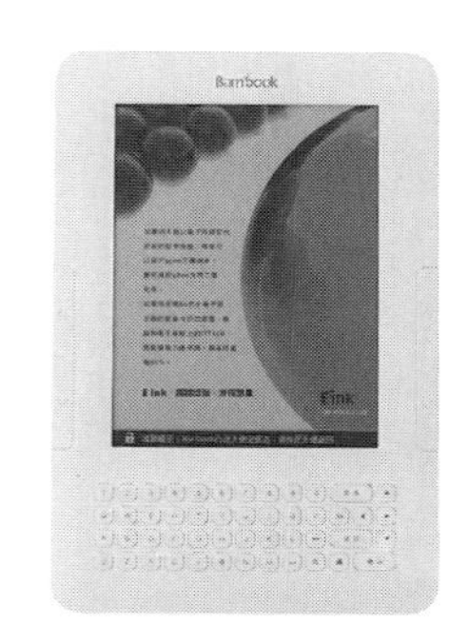

OPPO设计风格简洁清新，受到了kindle的影响，在机械感和简洁感中间找到了一个良好的平衡点。

主要竞品品牌主销产品定位图示如下。

2.2.3 客户品牌分析

结合客户单位的品牌特点，与市面主销产品的定位，我们与客户单位共同确立了设计方向：具商务风格与高技术风格的，或更具年轻化的简洁时尚风格。

品牌定位 Positioning	高科技的数字电子信息、通信产品为主业的国际化的高科技公司
竞争优势 Competitive Strength	拥有雄厚的技术实力。建有国家级技术中心，拥有一支知识结构合理、综合素质高的科研开发队伍
品牌理念 Slogan	“质量第一”
企业目标 Business Goal	“为客户创造价值，为员工创造前途，为社会创造效益”
公司文化 Company Culture	“人以企业为家、心以质量为本”
产品关键词 Product Keywords	高科技

3 设计过程

3.1 概念与草图

在草图中，我们使用了“概念移植”的概念，将用户的体验建立在一种已有的熟悉的体验之上。

电子书其实为一种移动阅读终端，但被形象地翻译为“电子书”。设计方案的概念也延续了“书卷”的概念，灵感取自中国古书，并将古书的不对称装订线区域的外形运用在了现代的电子书上，代表着“书卷”从古至今的延续。

概念移植有助于减少用户对于新产品的陌生感，并引导用户采用他们熟悉的使用方式来认识产品。类似的设计方法曾经在很多产品设计上都有使用，不仅可以让用户更加容易地学习使用方法，也可以增加产品的情趣。如将排风扇的打开方式移植到CD机上的CD机产品，还有将吹灭蜡烛的方式移植到电子蜡烛等。

最终中选的方案：墨客MOOK

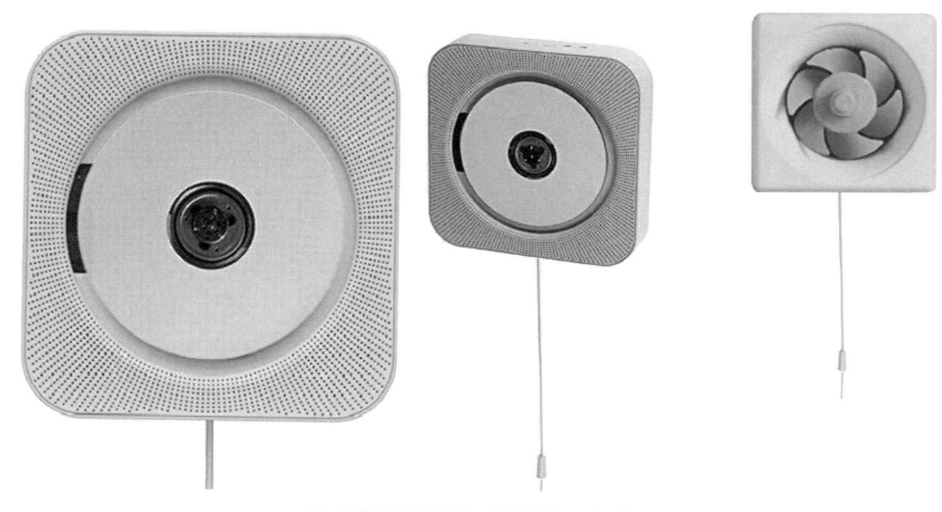

日本设计师深泽直人设计的CD播放器

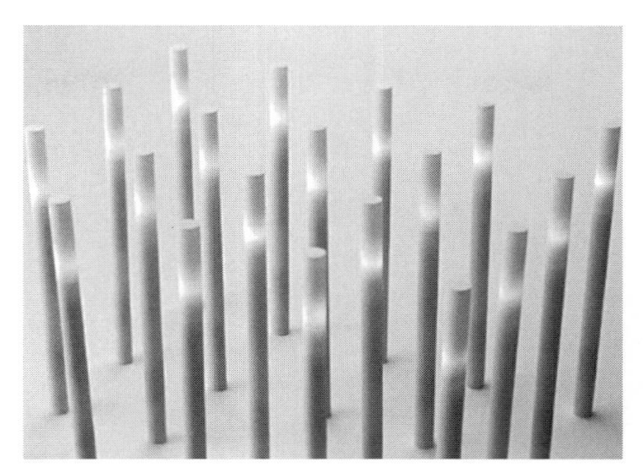
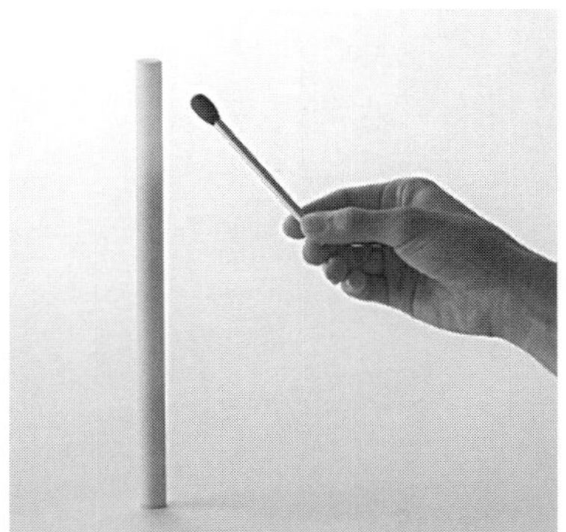

日本设计师村田智明设计的“hono”电子蜡烛

3.2 最终方案

3.2.1 最终方案制作过程

草模建立：

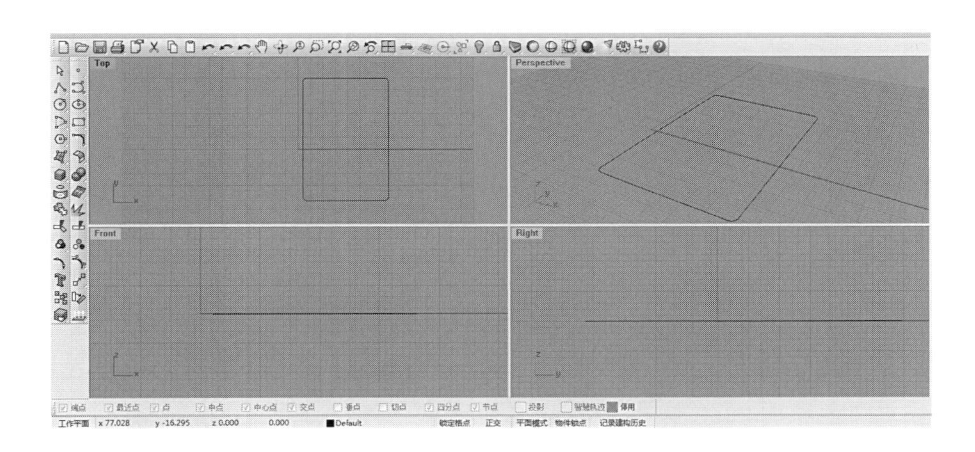

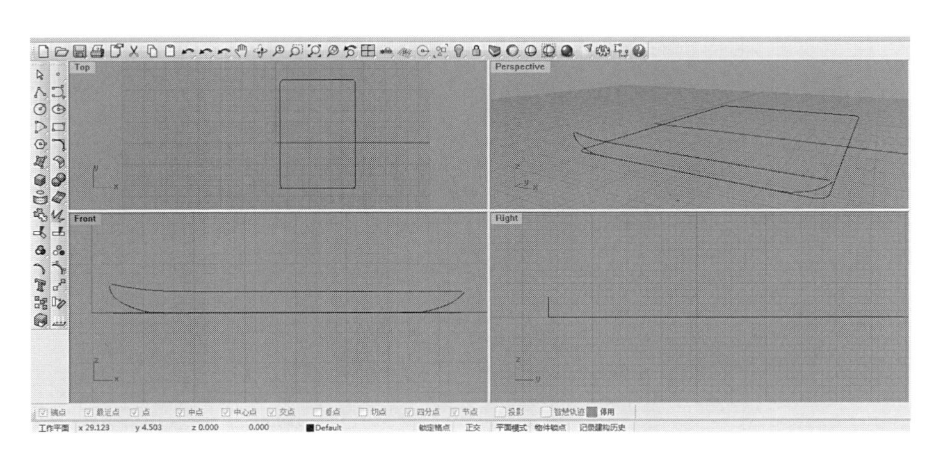

（1）分别在TOP视图与FRONT视图画出电子书的轮廓线。

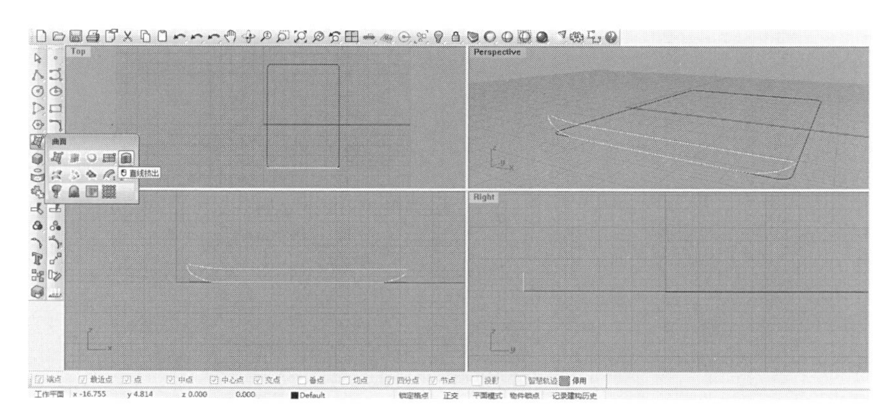

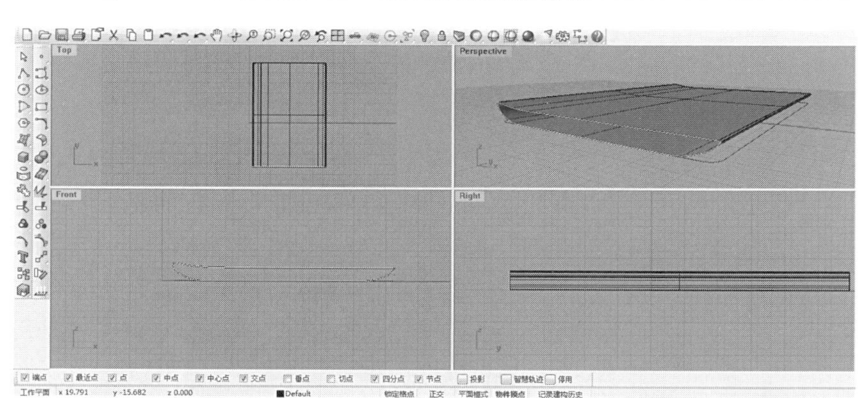

（2）用“直线挤出”命令将前视图的两条轮廓线拉伸成曲面。

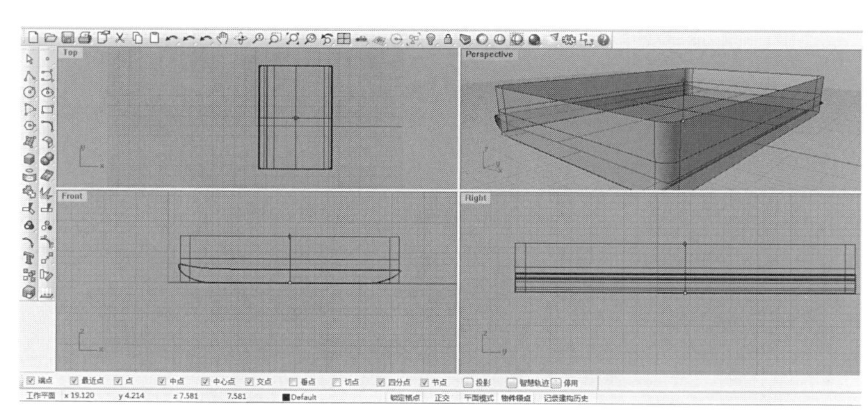

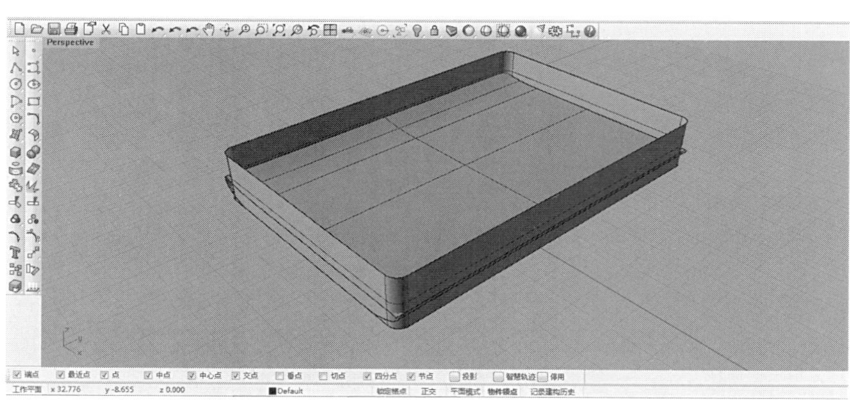

（3）使用同样方法将顶视图的轮廓线拉伸成面。

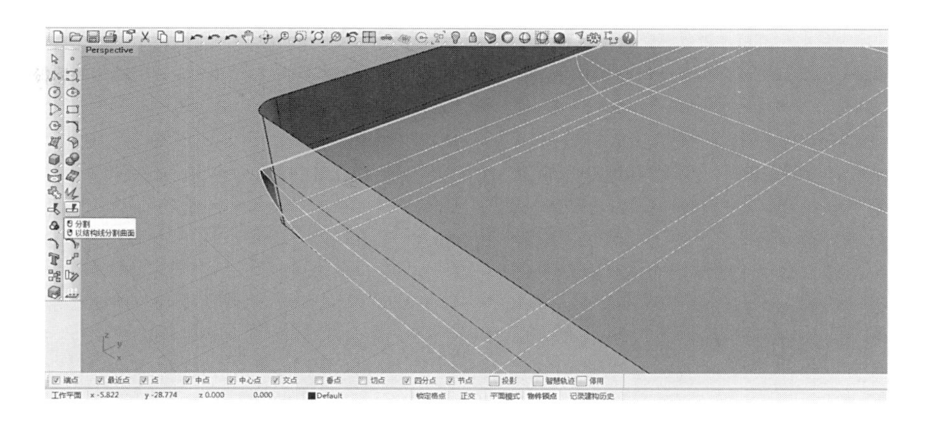

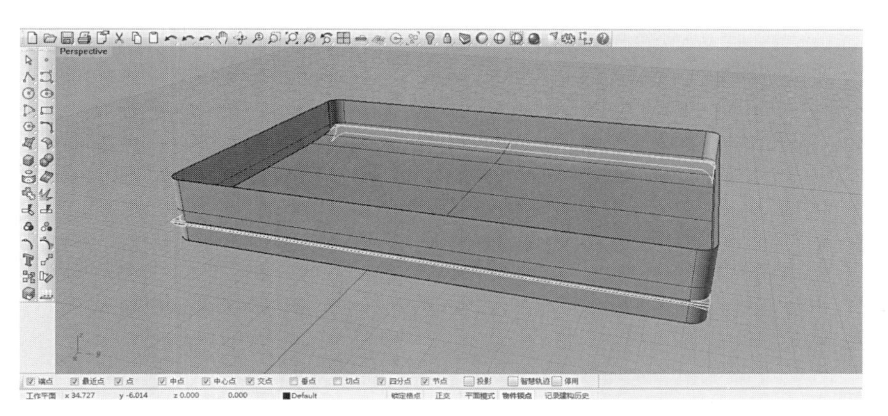

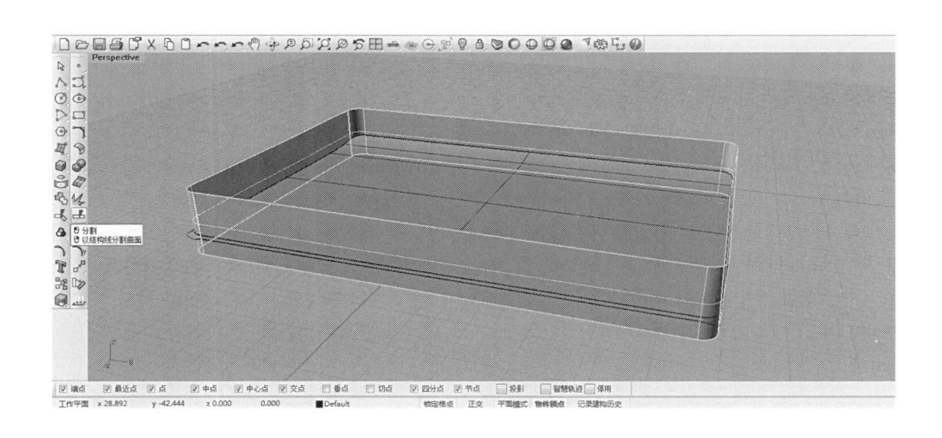

（4）用两次挤出的曲面互相分割，删除多余部分。

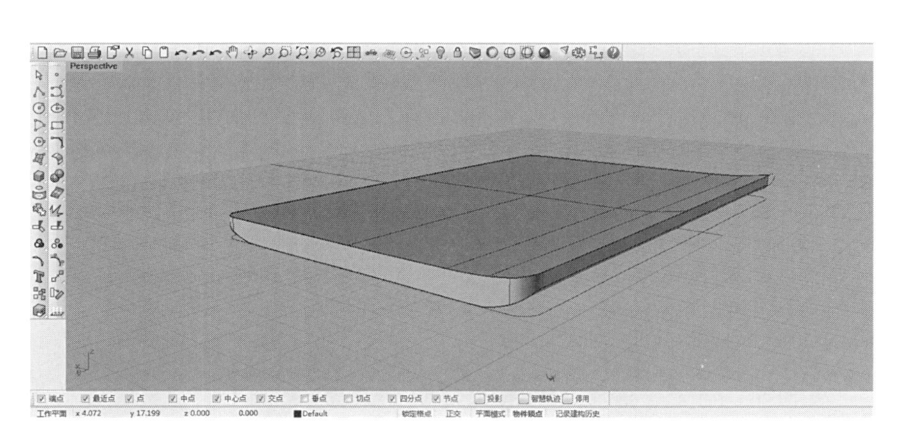

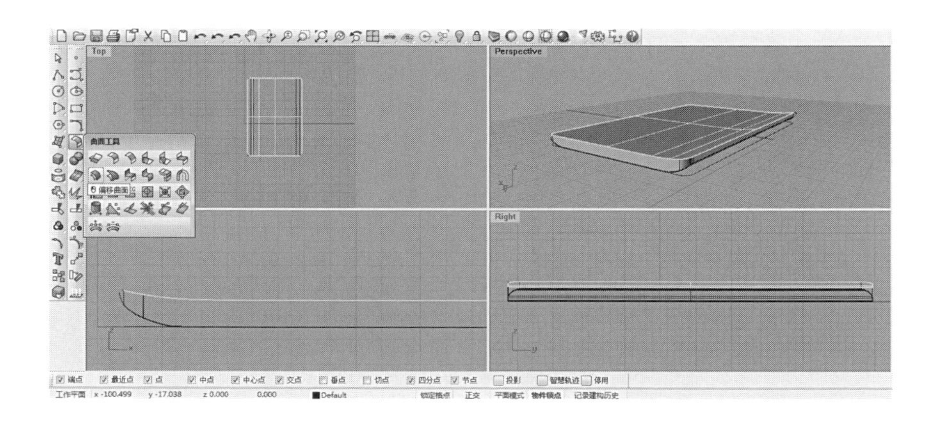

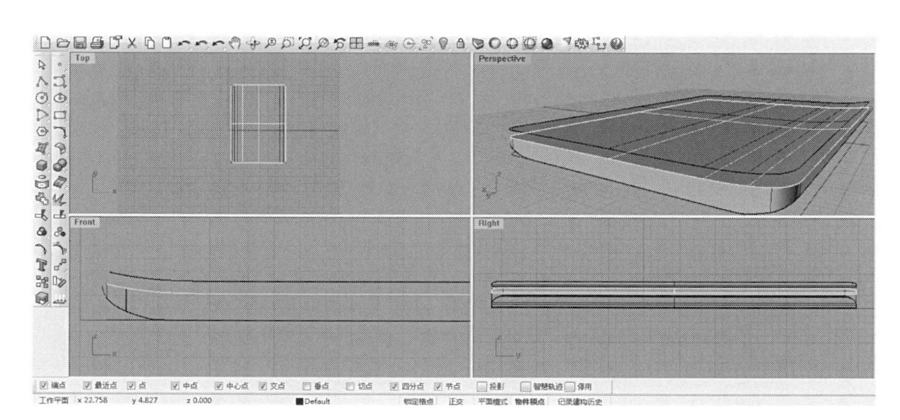

（5）用“偏移曲面”命令将上面的曲面偏移一定距离。

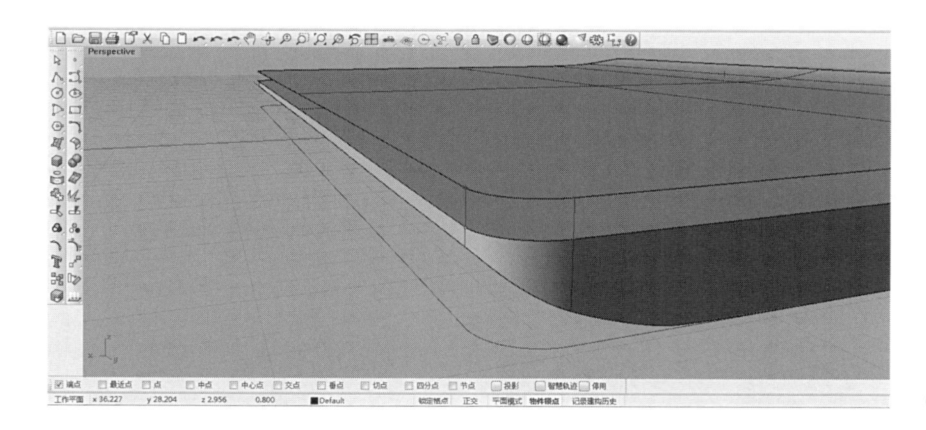

（6）在偏移曲面与原曲面之间建立截面线。

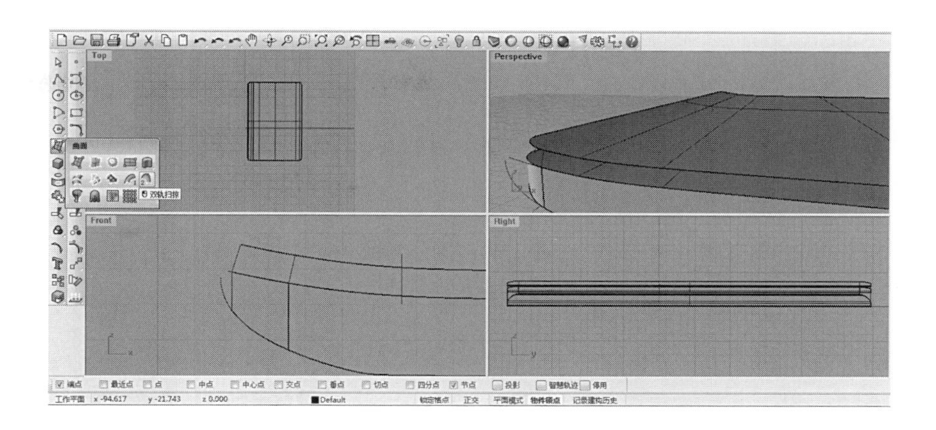

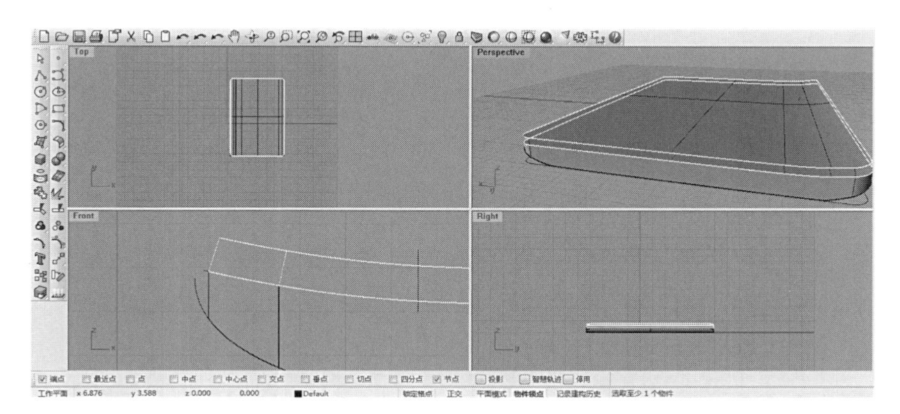

（7）点选“双轨扫略”命令，选择偏移曲面与原曲面的边缘线作为路径，前一步骤中建立的截面线作为断面曲线。

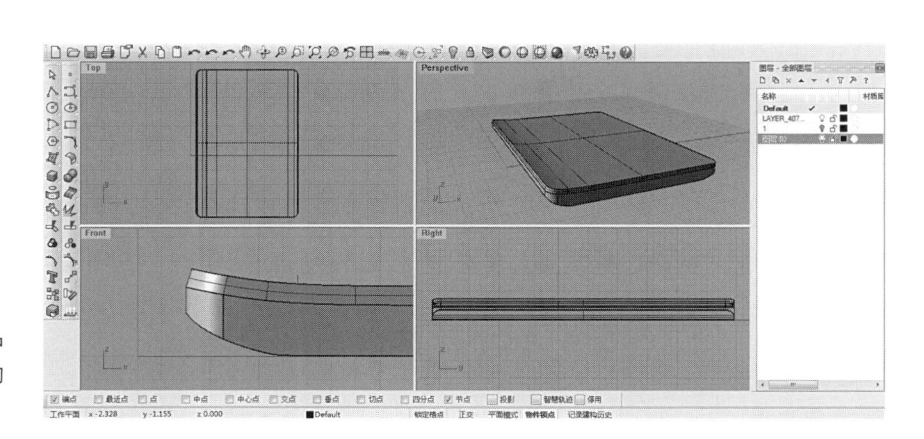

（8）将偏移曲面、原曲面与前一步骤中双轨扫略得到的曲面组合成为一个封闭的体，我们将其称为A壳。

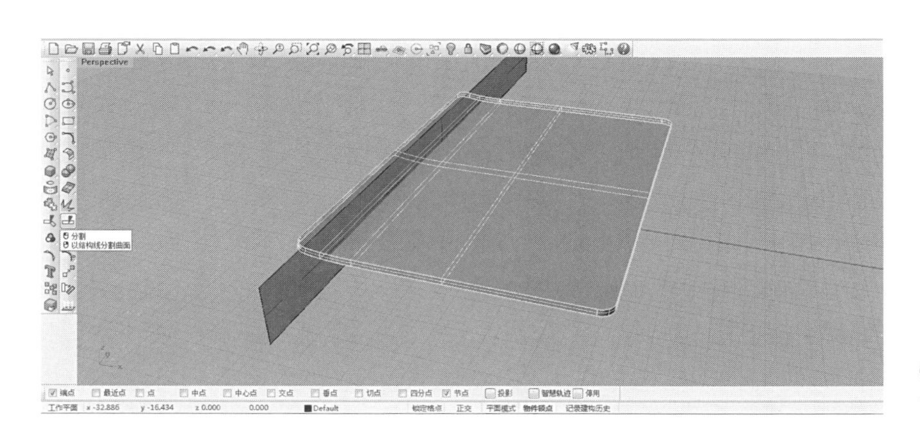

（9）隐藏电子书下半部分。在合适位置建立一个面，以其作为切割用物件，将A壳分割。

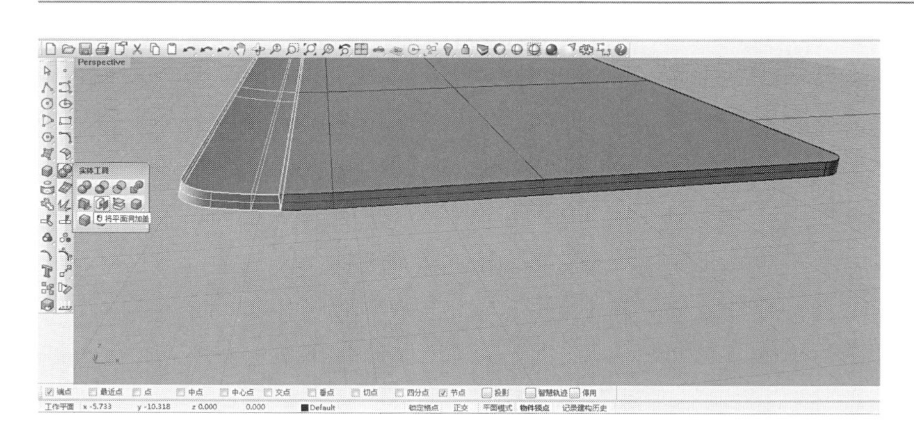

（10）将切割用的面删除，用“将平面洞加盖”命令分别封闭被分割的两半。

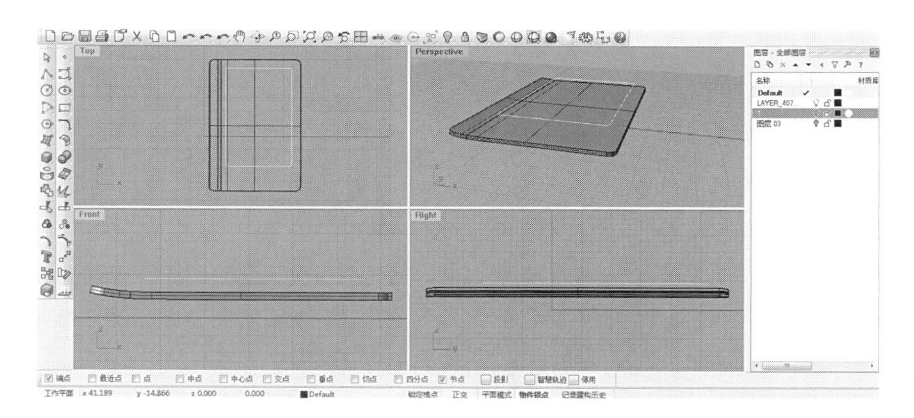

（11）画出屏幕轮廓线。

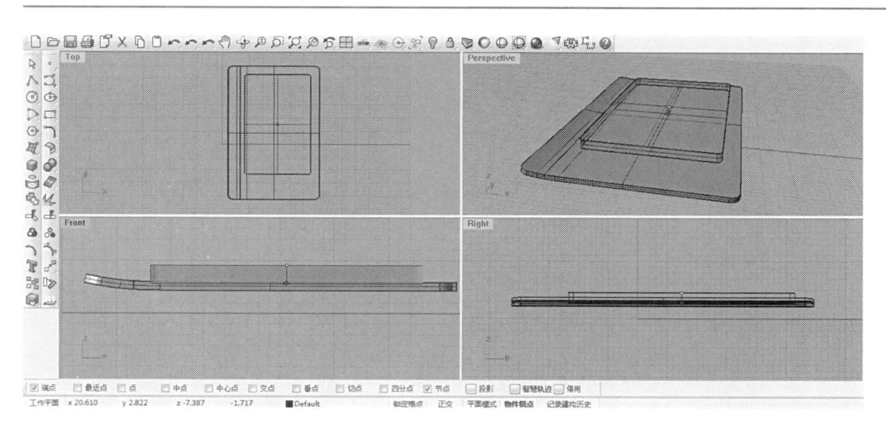

（12）用“直线挤出”命令将屏幕轮廓线挤出，控制挤出部分的厚度，使其与A壳相交部分的厚度等于屏幕下沉的高度。

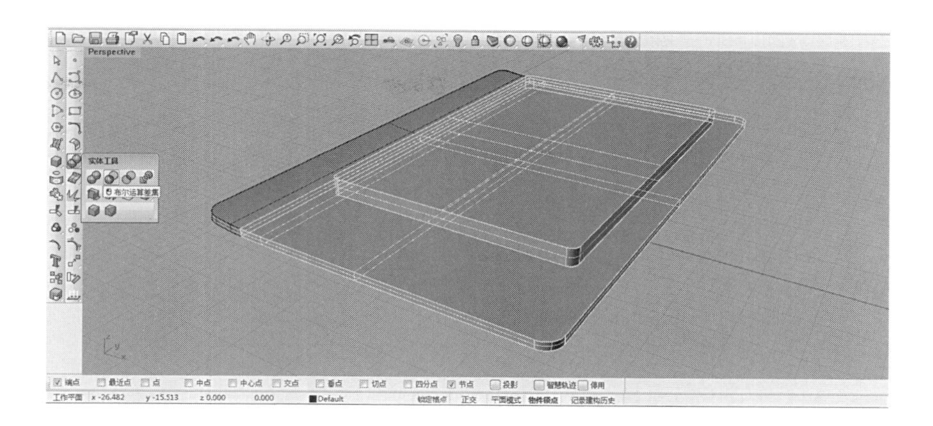

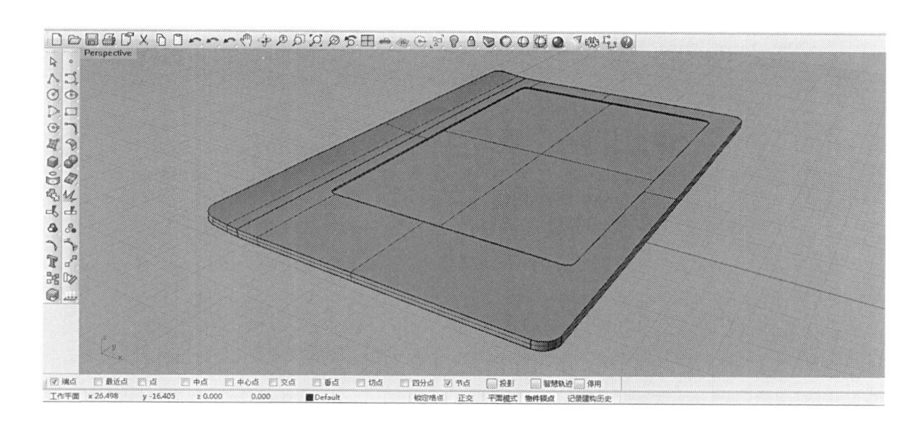

（13）使用“布尔运算差集”在A壳上做出放置屏幕的位置。

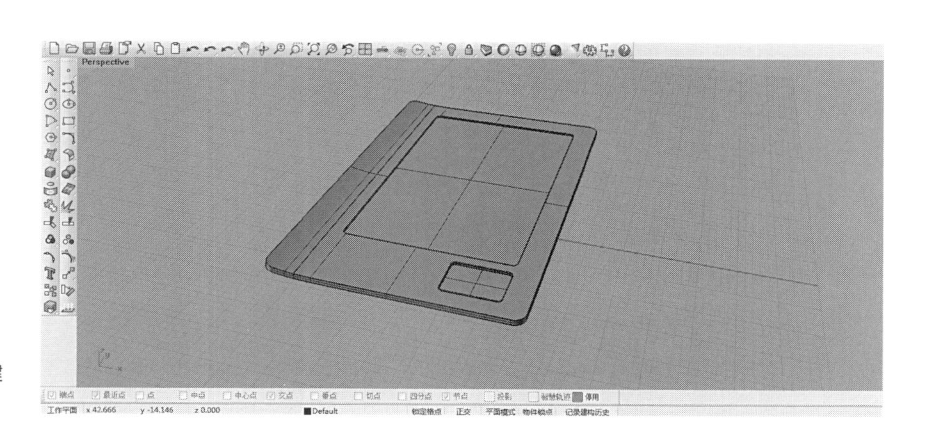

（14）使用同样方法在A壳上做出放置按键的位置。

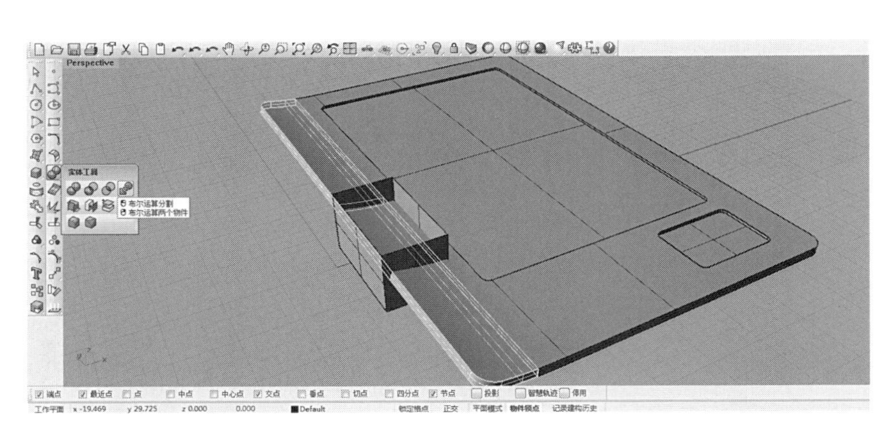

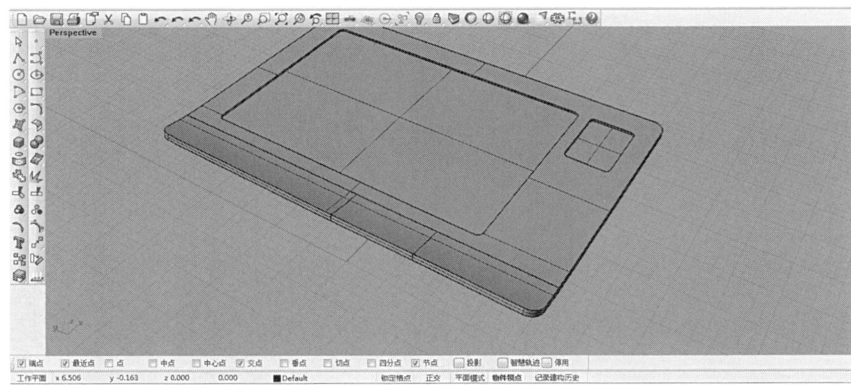

（15）使用“布尔运算分割”将A壳左边的体分割为三个体，形成左侧按键。

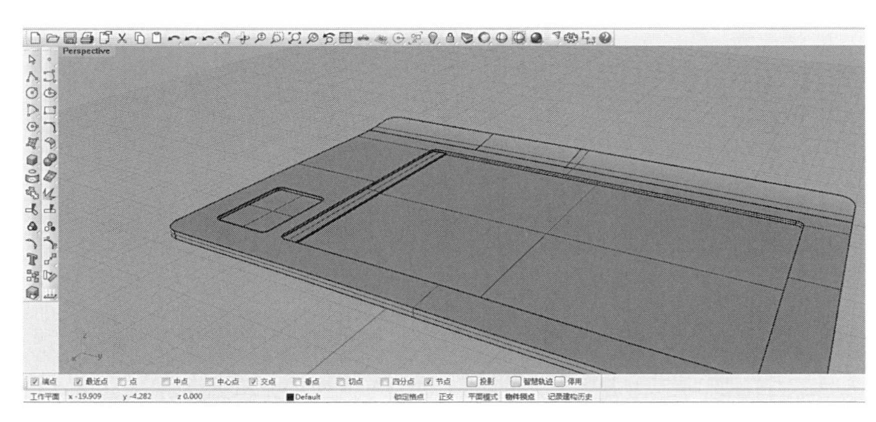

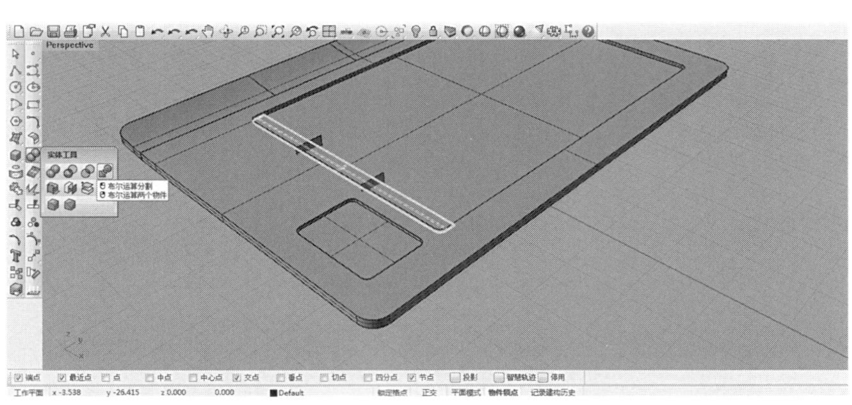

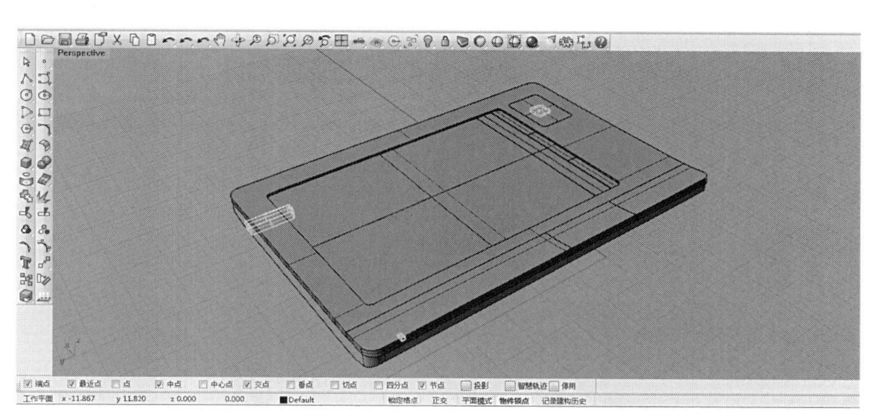

（16）同理做出其他按键、指示灯等细节。

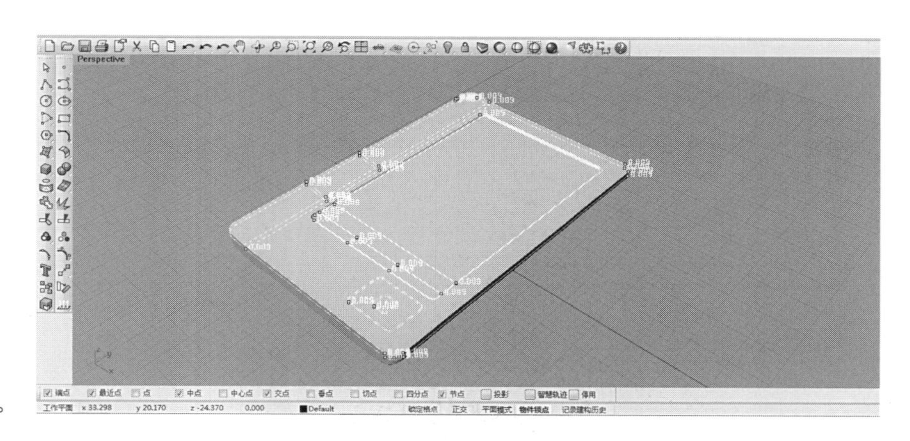

（17）整体建模完成，为模型的边缘倒圆角。

细节绘制：

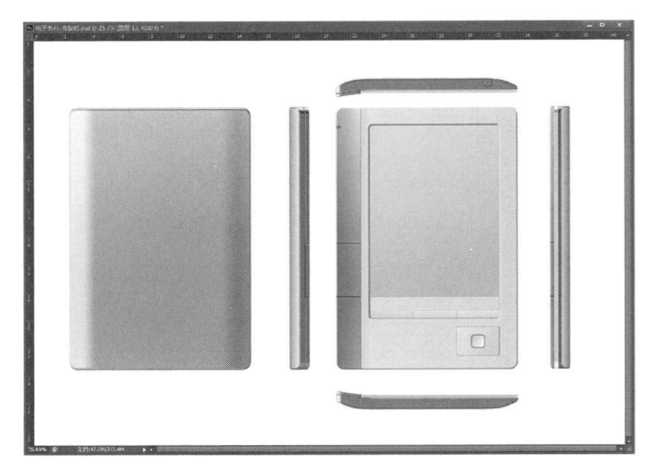

（1）将草模型各个角度渲染后导入到Photoshop中，将在此基础上进行细节绘制。

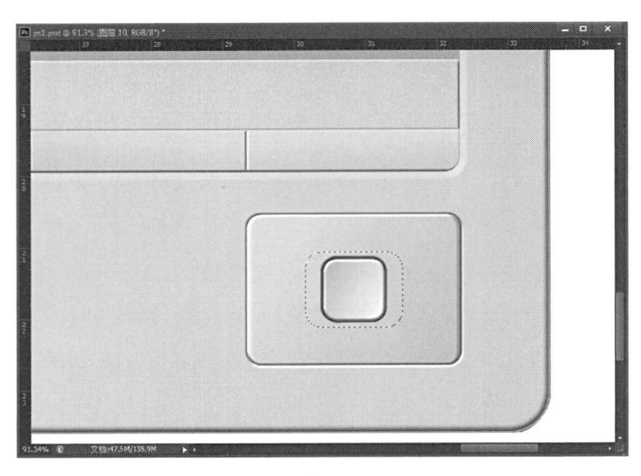

（2）用建立选区工具创建矩形选区。

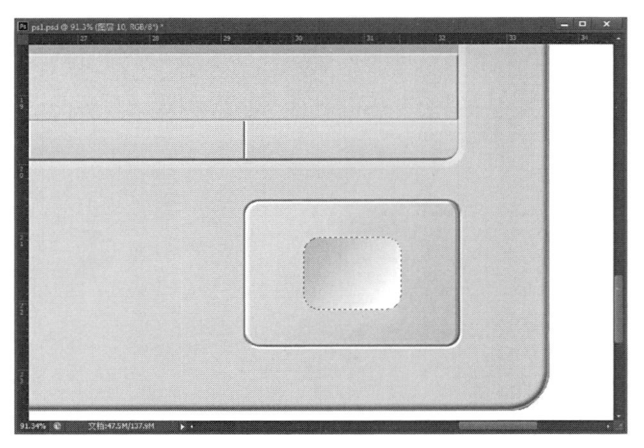

（3）在新的图层中绘制一个渐变，模拟下凹效果。

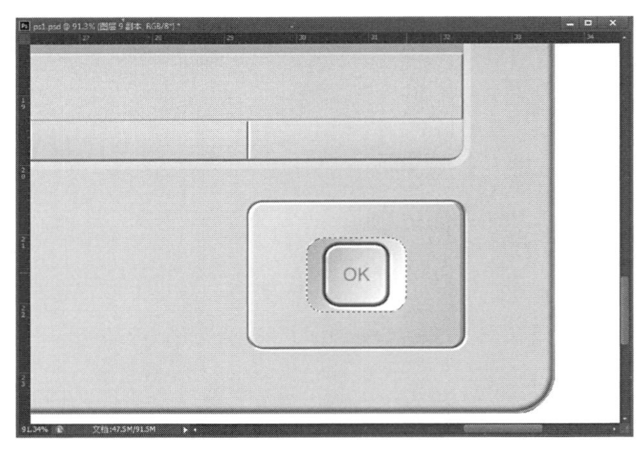

（4）将中间按键部分擦除，使得按键露出，并放上“OK”的标识。

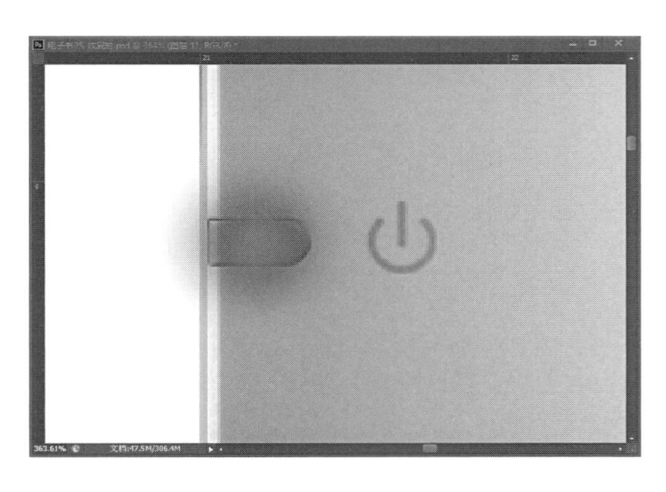

（5）在灯的位置新建图层，用笔刷工具画上灯的颜色。

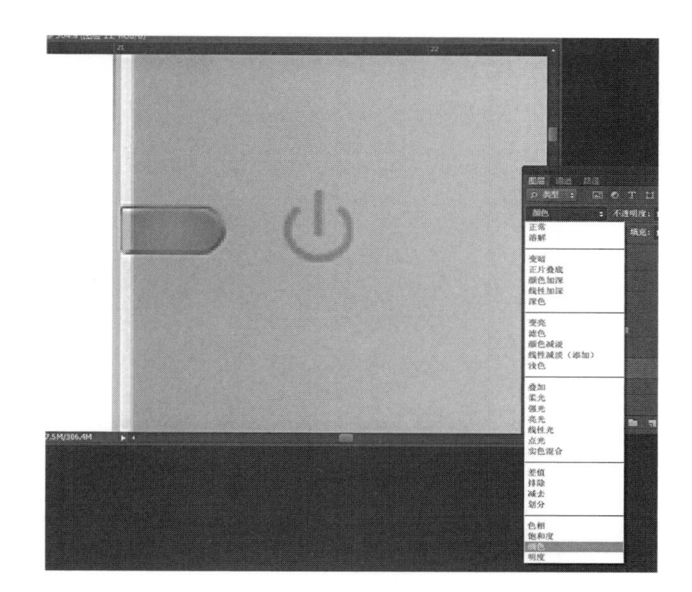

（6）改变图层混合模式，用“颜色”模式混合，使得效果更加真实。

（7）使用图像-->调整-->色相工具调整灯光的颜色。

（8）用橡皮擦工具擦去多余部分，并调整图层透明度，使效果更加真实。

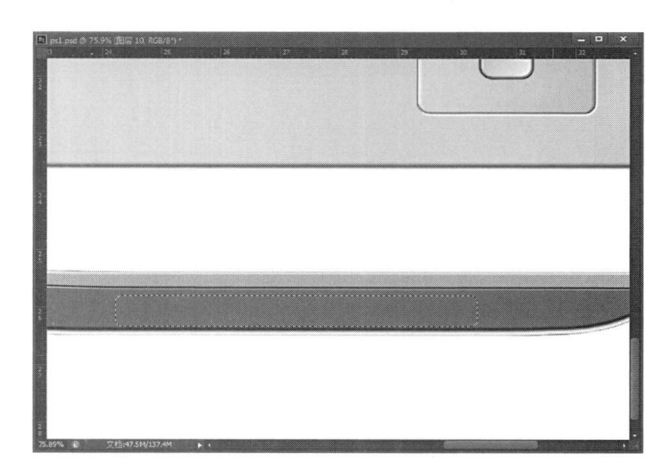

（9）在底视图上创建圆角矩形选区。

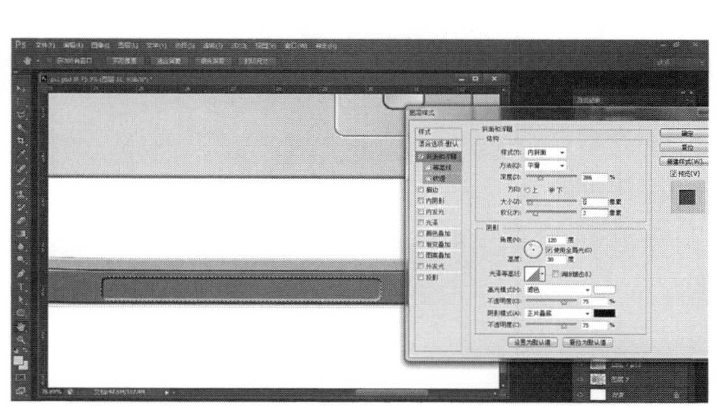

（10）复制并新建图层，并在新的图层上使用图层效果工具制作内斜面，在原基础上复制新建图层是为了保留原有材质。

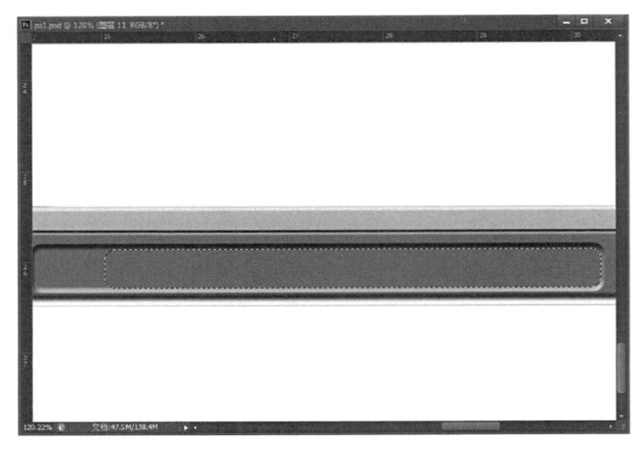

（11）绘制卡槽盖子的矩形选区和其他细节。

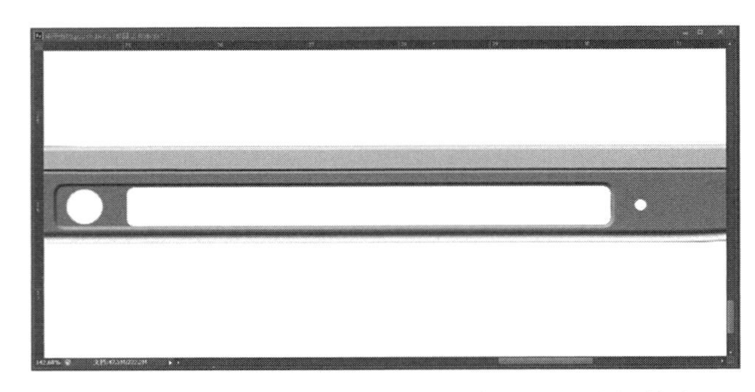

（12）在新建的图层中为选区填上颜色，为后面的工作做基础。

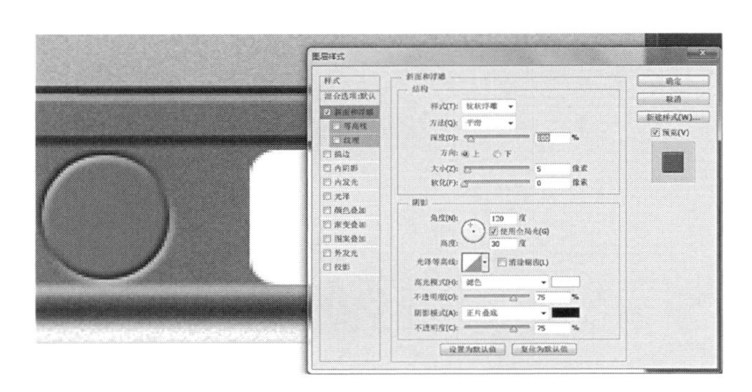

（13）现在绘制耳机插口，使用图层效果中的斜面和浮雕工具，选择枕状浮雕样式。

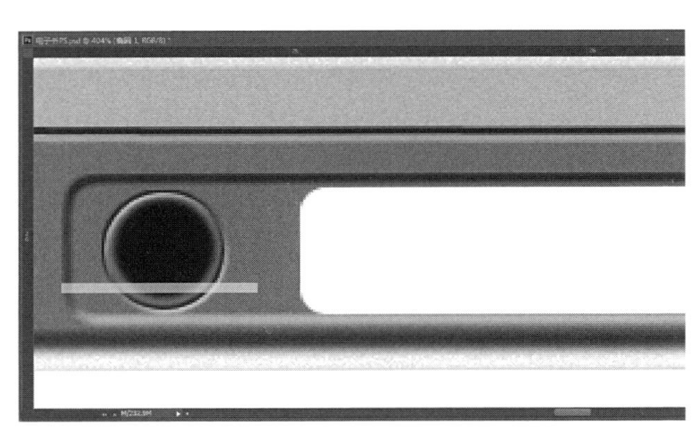

（14）用椭圆工具填上黑色，绘制耳机孔的黑洞，然后用矩形工具填上黄色，作为耳机孔内的铜片细节。

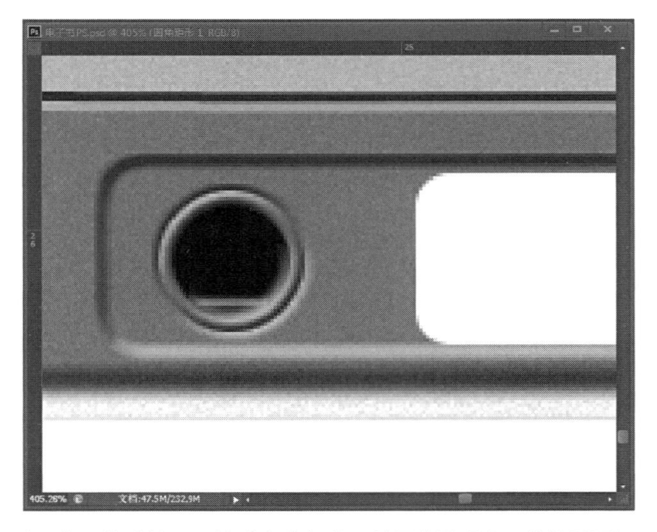

（15）用橡皮擦工具擦除多余部分，并调节透明度，使效果更加真实。

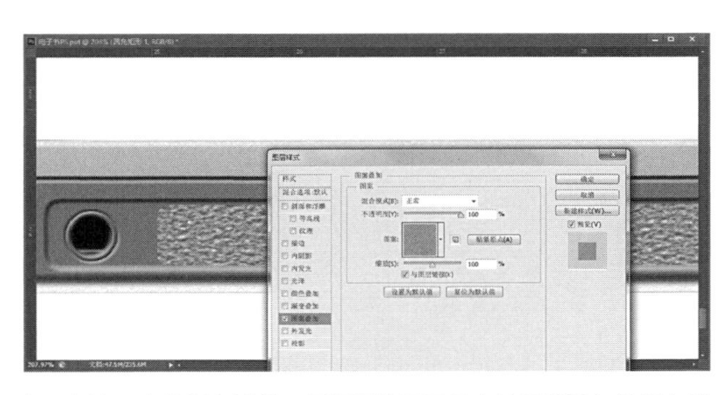

（16）接下来绘制卡槽盖，用图层效果工具中的图案叠加绘制卡槽盖该有的材质。

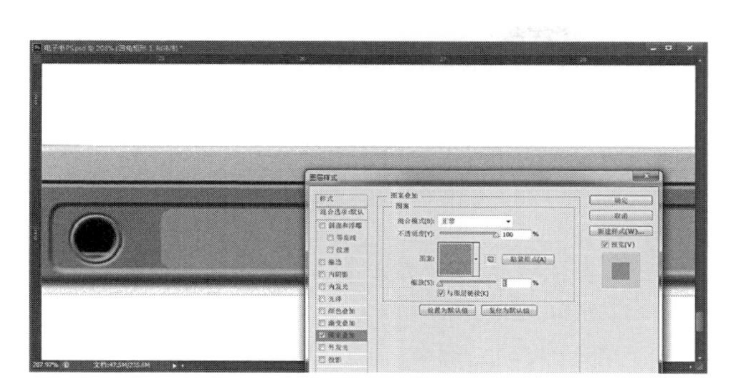

（17）调节图案的缩放值，使得材质和塑料类似。

（18）使用图层效果中的颜色叠加工具，使得盖子颜色和底下类似。

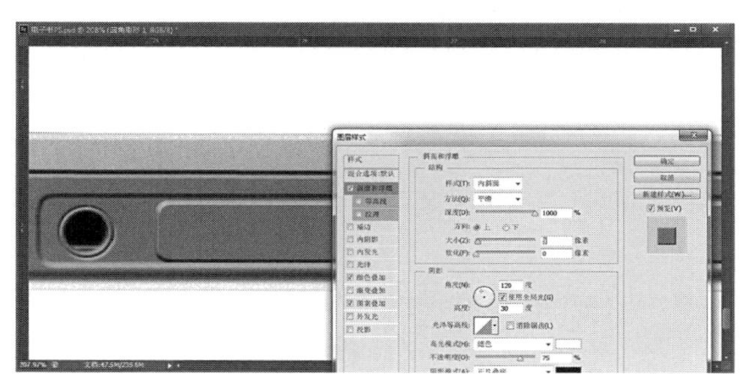

（19）用图层效果中的内斜面工具，制作盖子凸起的效果。

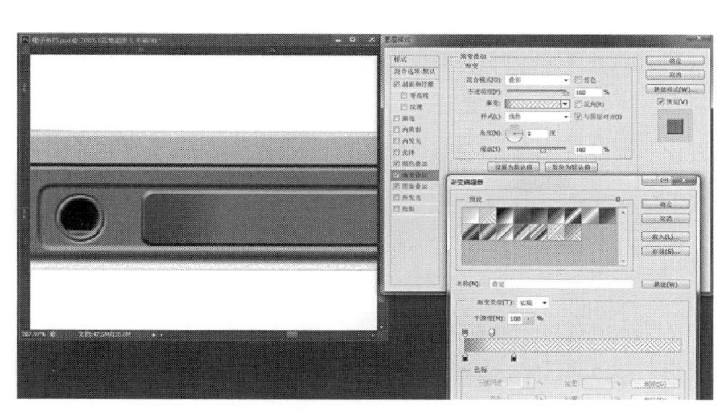

（20）用图层效果中的渐变叠加工具，制作盖子一边翘起的效果。

（21）在盖子上绘制USB的图标。

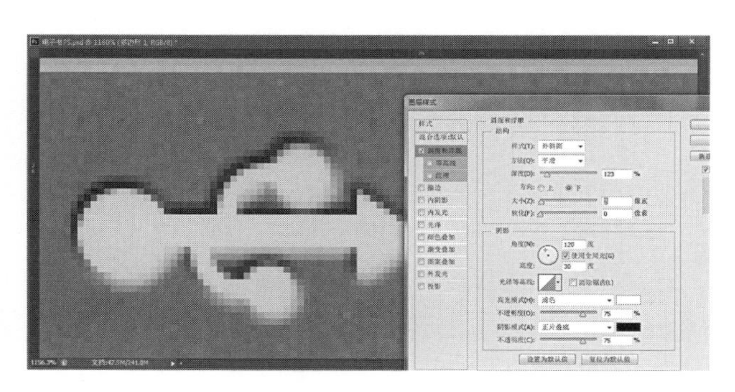

（22）使用图层效果中的斜面和浮雕工具，选择外斜面样式，制作下凹效果。

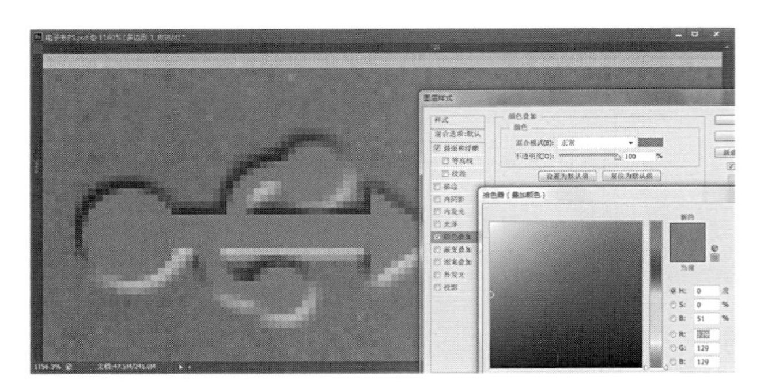

（23）使用图层效果中的颜色叠加工具，使得下凹面的颜色与盖子类似。

（24）使用图层效果中的图案叠加工具，使得下凹面的材质与盖子类似。

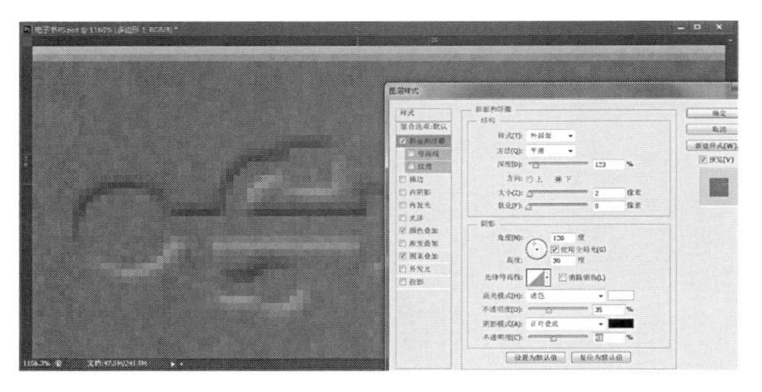

（25）调整图层的透明度，使得效果更加柔和。

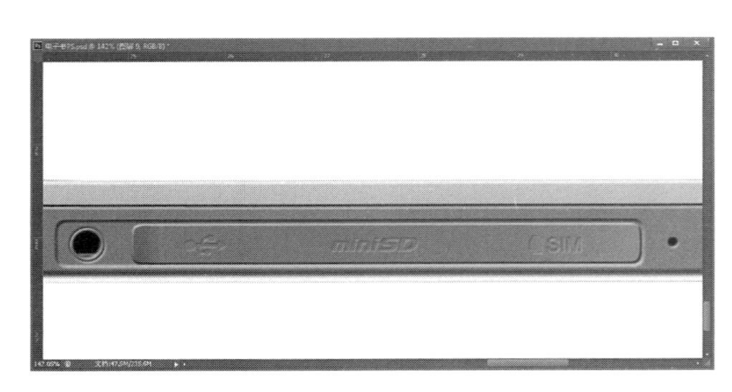

（26）用同理的方法加上麦克风孔和其他的图标。

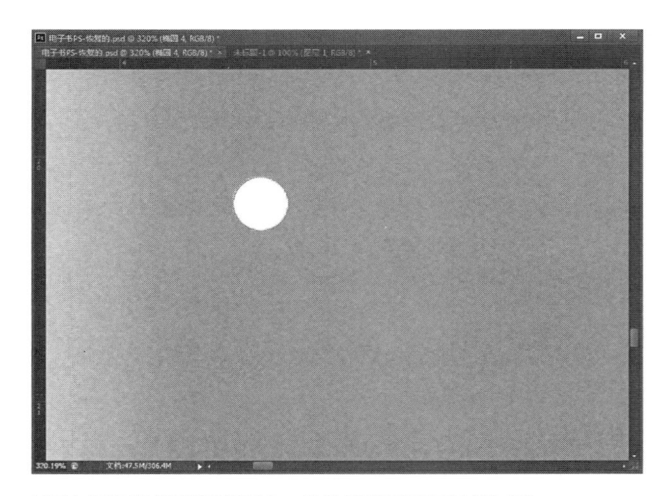

（27）现在绘制背面出声孔，首先用椭圆工具绘制圆形。

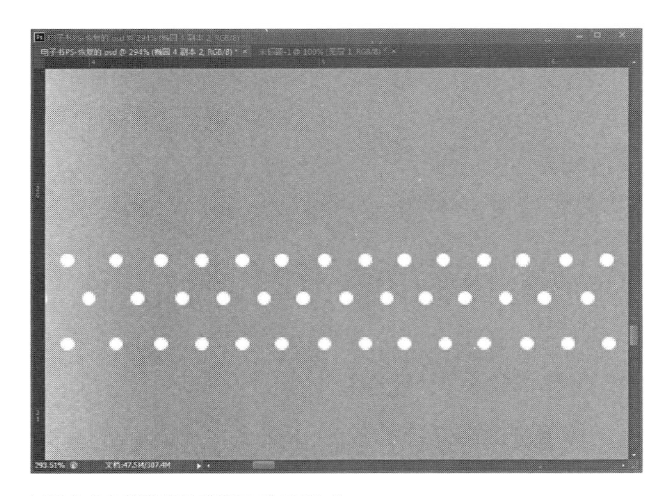

（28）将圆形排列成出音孔的样式。

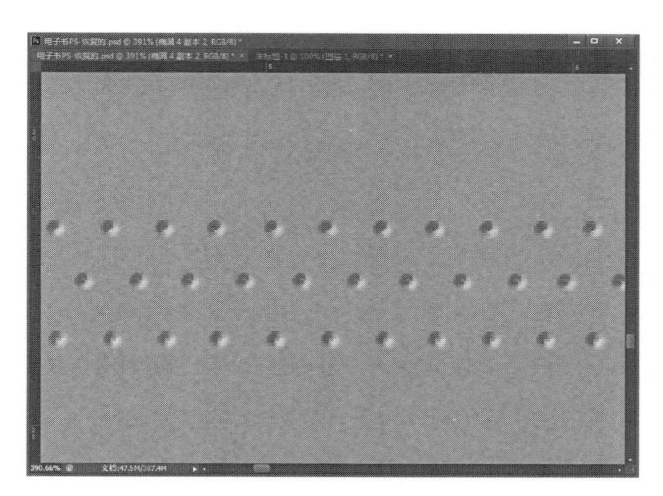

（29）使用图层效果中的斜面与浮雕工具制作下凹。

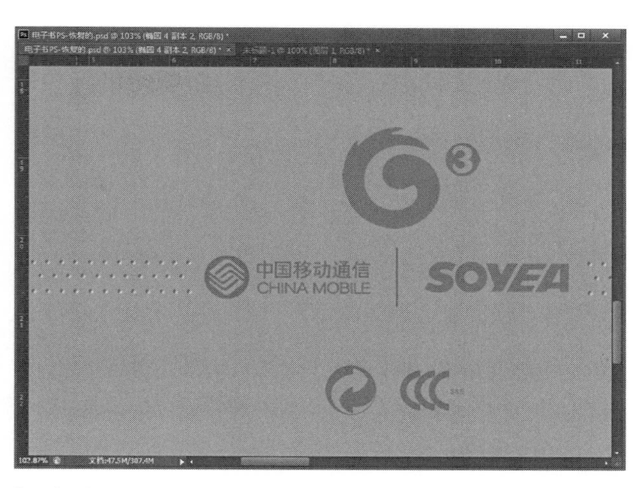

（30）放上客户提供的其他标准化logo。

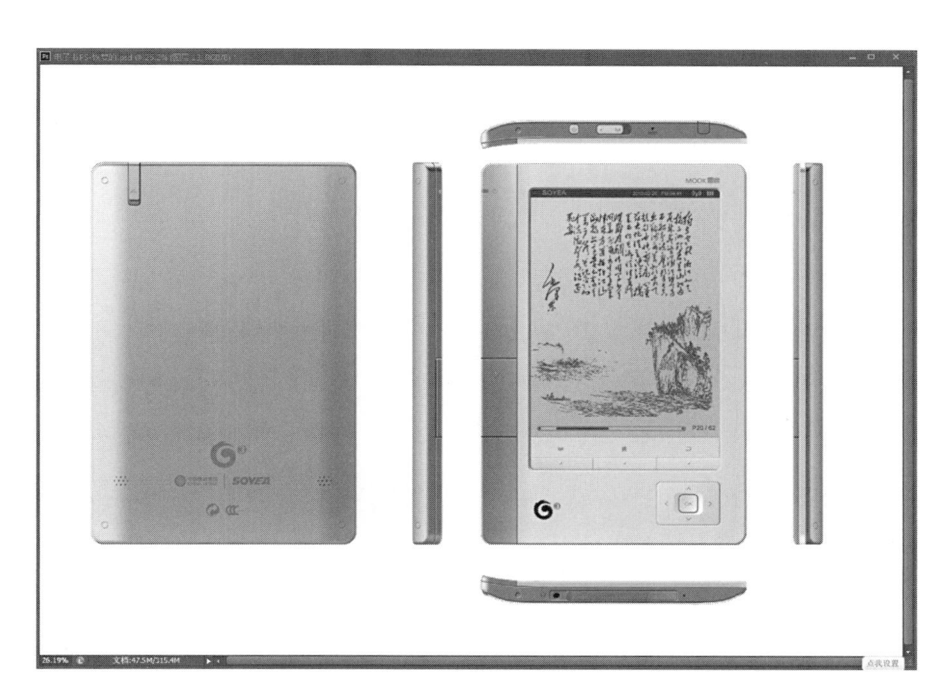

（31）同理，用上文中提到的方法绘制出其他细节，图为最终效果。

3.2.2 最终方案呈现

修正方案的过程主要对产品的一些细节进行调整，让客户有更多的选择。这个阶段使用Photoshop绘制产品的三视图来呈现细节的修改，表达效果清晰，而且可以节约人力，用到其他平行进行的项目中去。

常用功能被放置在了功能方框中，而不常用的、容易误操作的功能则被放在了电子书的顶端。

在五向导航键中，我们加入了四个凸点，让用户可以减少误操作，更加方便地识别四个方向。按键使用大尺寸，也考虑到了用户使用时的便捷性。

由于电子书的电子墨水屏幕十分细腻柔软，容易损坏，所以需要皮套的保护。另外，电子书十分的纤薄，皮质的皮套也可以使电子书的握感更好。

在皮套的设计中，我们将其形态与电子书的“书卷”式外形相配合，使得皮套看起来也像一本“古书”，细腻的收边使得皮套更加精致，有品质感。

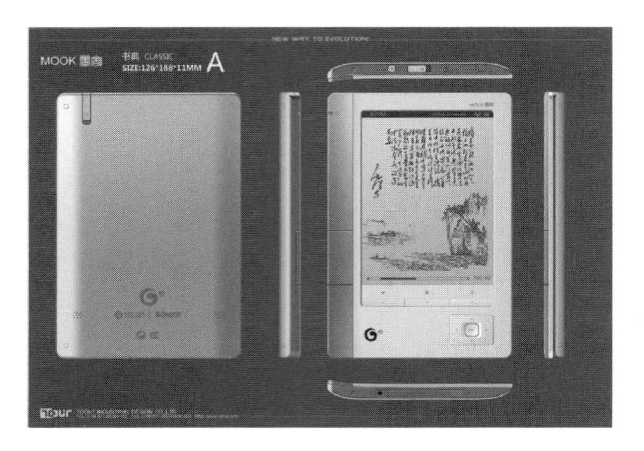

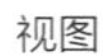
视图

效果图

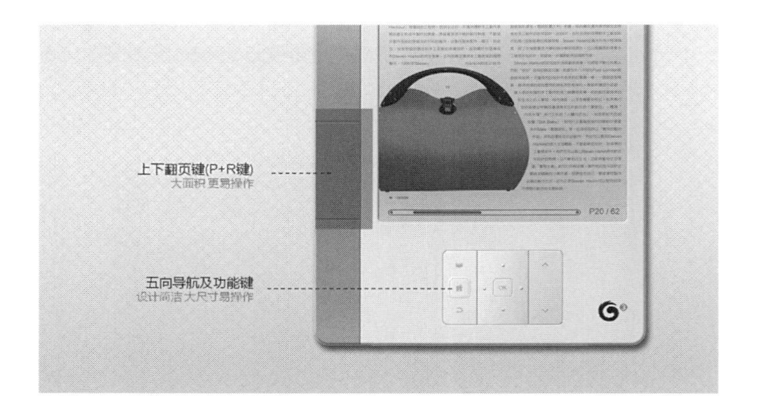

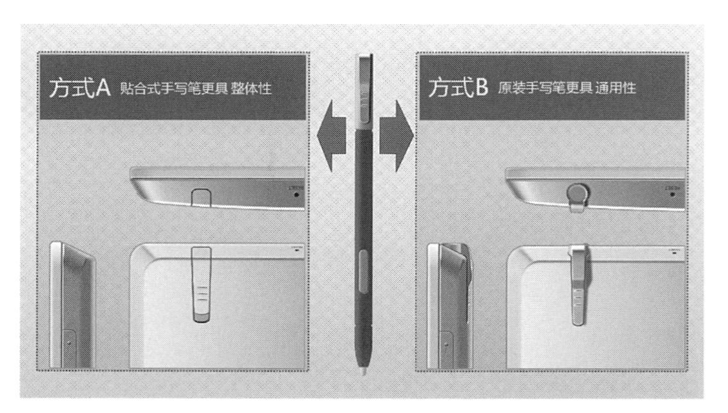

方案修正

MOOK
P20 / 82
OK

3.3 配色方案

通过不同的配色，一款设计可以吸引更广泛范围的人群。如银色可以吸引男性，粉色可以吸引年少的女性，而香槟金可以吸引商务人群，棕色和它特有的中庸气质则可以有更加广泛的适用人群。

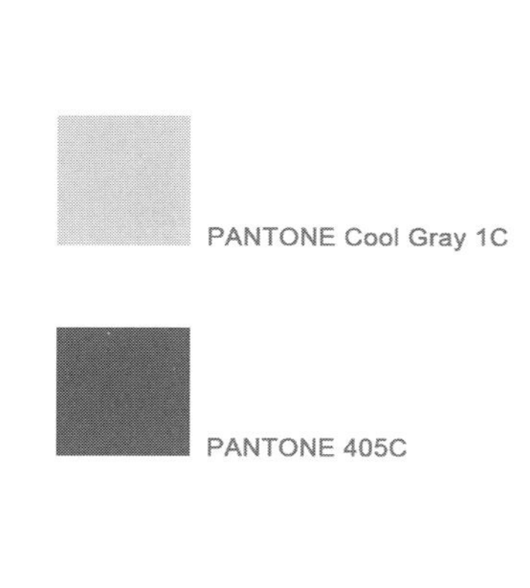

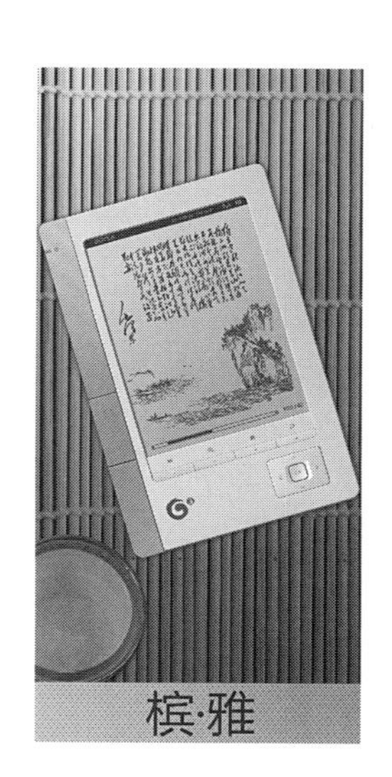

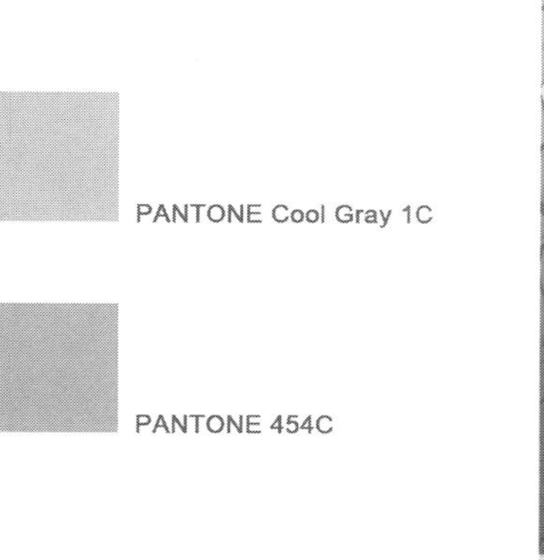

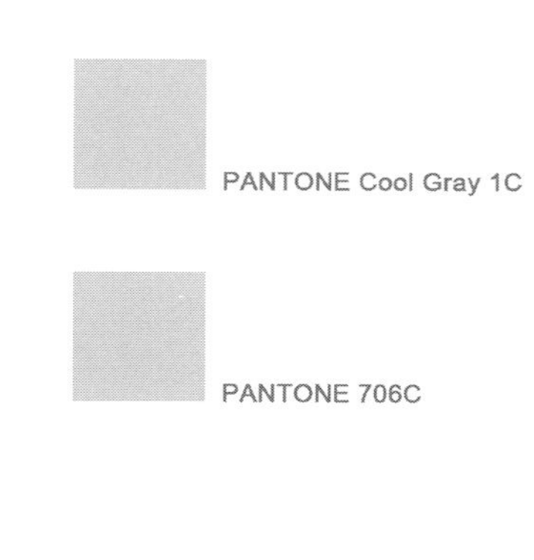

4 产品的结构与工艺

4.1 产品结构设计

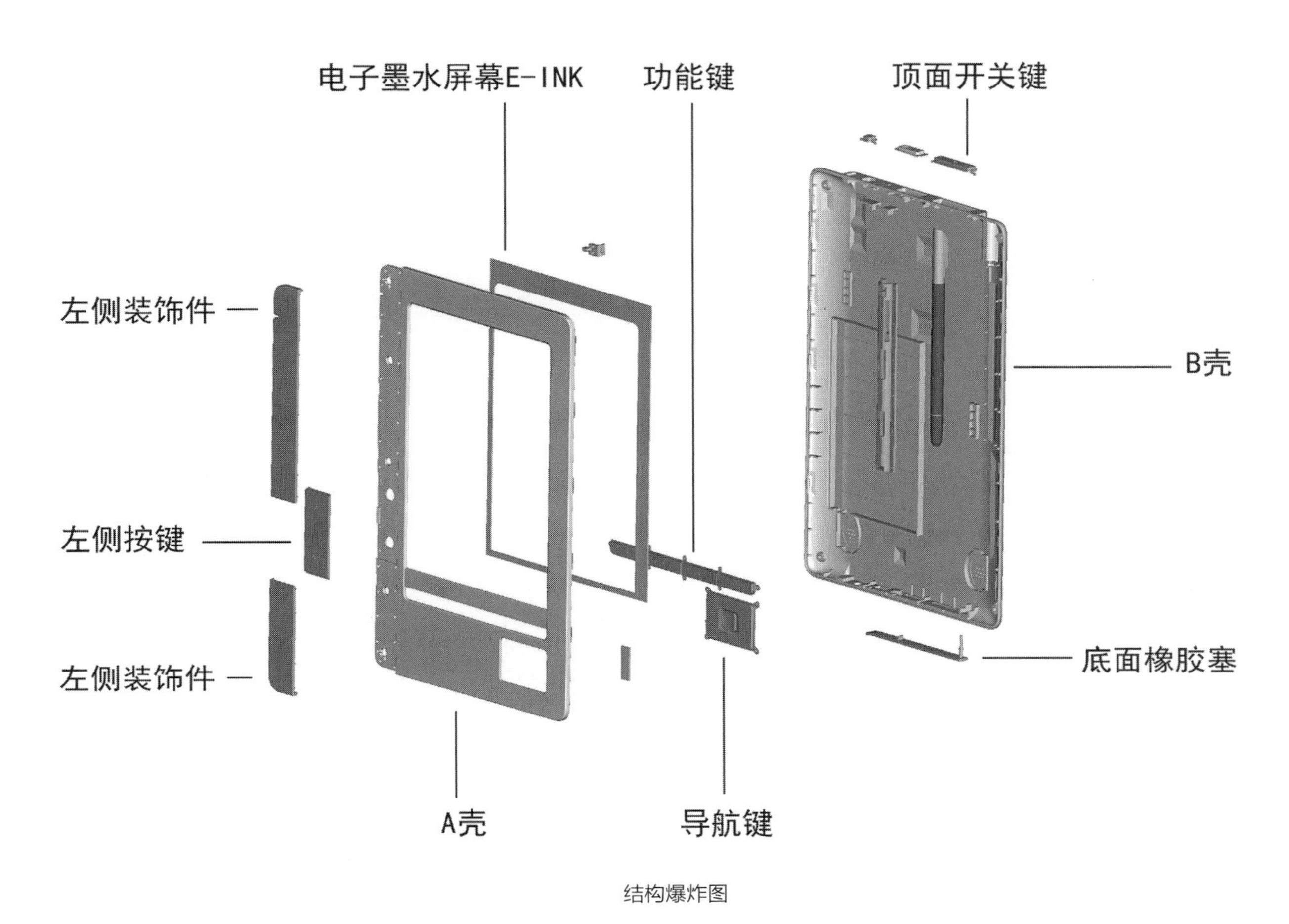

结构爆炸图

4.2 产品成型加工工艺

4.2.1 产品成型工艺

塑料是现代工业产品最常用的材料，从清晨起来用到的牙刷、上班乘坐的交通工具、使用的电子设备，等等，几乎随处可见塑料的影子。同时，塑料是设计师为实现其创意形态而首选的材料之一。

• 注塑成型

注塑成型是塑料件成型最常见制造工艺。注塑成型在生产薄壁塑料件方面有着广泛的运用，其中最常见的就是塑料外壳的制造。塑料外壳的内侧往往有很多的筋条和螺母孔。这些外壳被用于各种各样的产品中，例如家用电器，消费类电子产品，电动工具，汽车仪表板等产品。

注塑成型一般由以下四个步骤组成。

合模：物料注入模具之前，必须先用合模装置将两半模具紧闭。

射胶：塑料原料通常以颗粒形式被注入注塑机。

冷却：模具内的熔融塑料一接触到模具内表面就开始冷却。

开模：冷却的部件通过顶出系统从模具中脱出。

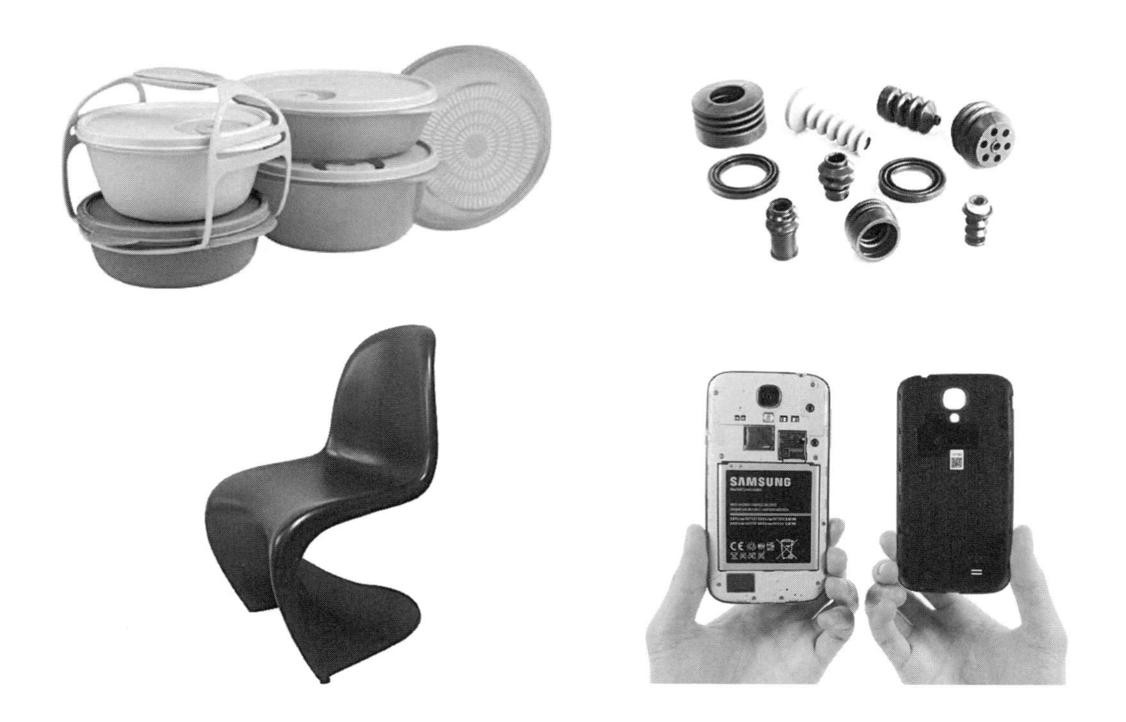

各种塑料制品

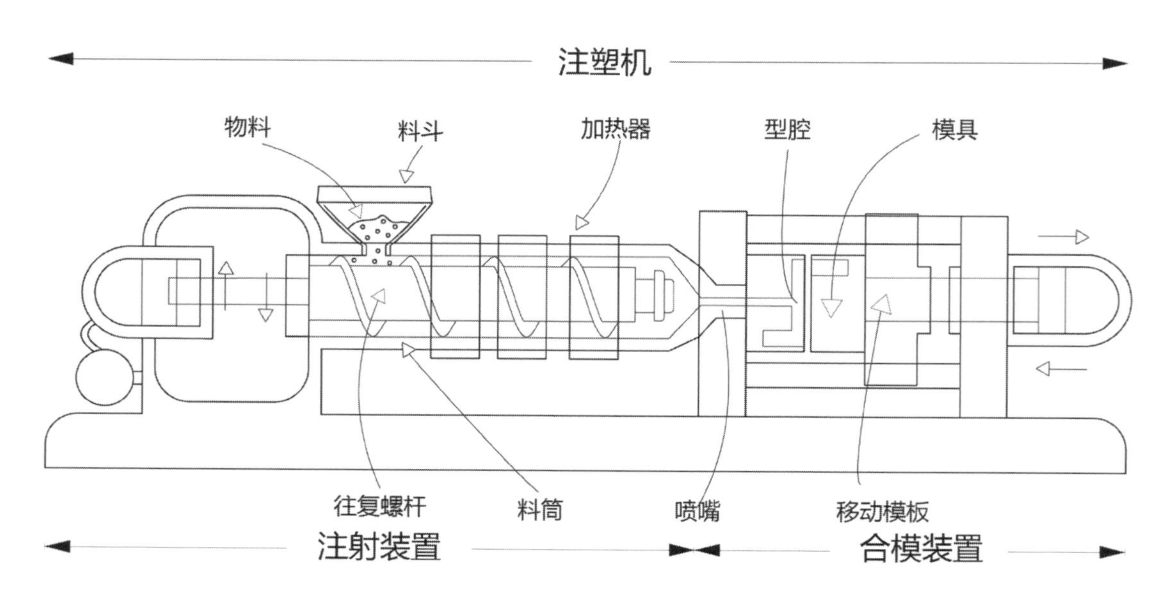

注塑工艺示意

4.2.2 各个部件工艺效果解析

• 丝网印刷

产品的LOGO使用了丝网印刷的工艺。

丝网印刷基本原理是：利用丝网印版图文部分网孔透油墨，非图文部分网孔不透墨的基本原理进行印刷。印刷时在丝网印版一端倒入油墨，用刮印刮板在丝网印版上的油墨部位施加一定压力，同时朝丝网印版另一端移动。油墨在移动中被刮板从图文部分的网孔中挤压到承印物上。由于油墨的黏性作用而使印迹固着在一定范围之内，印刷过程中刮板始终与丝网印版和承印物呈线接触，接触线随刮板移动而移动，由于丝网印版与承印物之间保持一定的间隙，使得印刷时的丝网印版通过自身的张力而产生对刮板的反作用力，这个反作用力称为回弹力。由于回弹力的作用，使丝网印版与承印物只呈移动式线接触，而丝网印版其他部分与承印物为脱离状态。使油墨与丝网发生断裂运动，保证了印刷尺寸精度和避免蹭脏承印物。当刮板刮过整个版面后抬起，同时丝网印版也抬起，并将油墨轻刮回初始位置。至此为一个印刷行程。

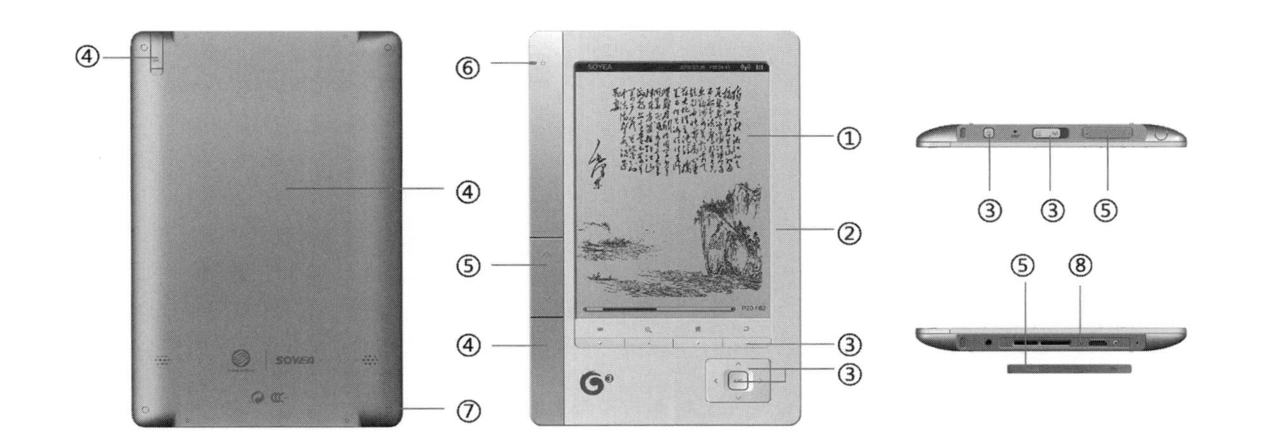

① 电子墨水屏幕E-INK：(有器件直接用器件)
ABS+PC / 哑光 / 颜色参考 电子墨水屏幕

② A壳：
ABS+PC / 哑光 / 珍珠白 喷涂艾敬漆 1：P.B.C BAK-0461(WP) 2：1700无光

③ 正面功能键、导航键、顶面开关键、无线网络开关：
P+R / 哑光 / 珍珠白 喷涂艾敬漆 1：P.B.C BAK-0461(WP) 2：1700无光

④ B壳、左侧装饰件、手写笔笔头：
ABS+PC / 哑光 / 浅银色 喷涂艾敬漆 1：P.B.C BAK-0173(SS) 2：1700无光

⑤ 左侧按键、顶面音量键、底面橡胶塞：
P+R / 哑光 / 浅银色 喷涂艾敬漆 1：P.B.C BAK-0173(SS) 2：1700无光

⑥ 指示灯：
透明PC

⑦ 背部4个螺钉塞：
RUBBER / 哑光 / 浅银色 参考颜色 艾敬漆 1：P.B.C BAK-0173(SS) 2：1700无光

⑧ 螺丝

TOOUT INDUSTRIAL DESIGN CO.,LTD
TEL: (+86)571-88304162 FAX: (+86)571-88269408-808 Http://www.toout.com
SOYEA / 电子书 / 书典 / 10.05.07

电子书的工艺丝印文档（制作手板用）

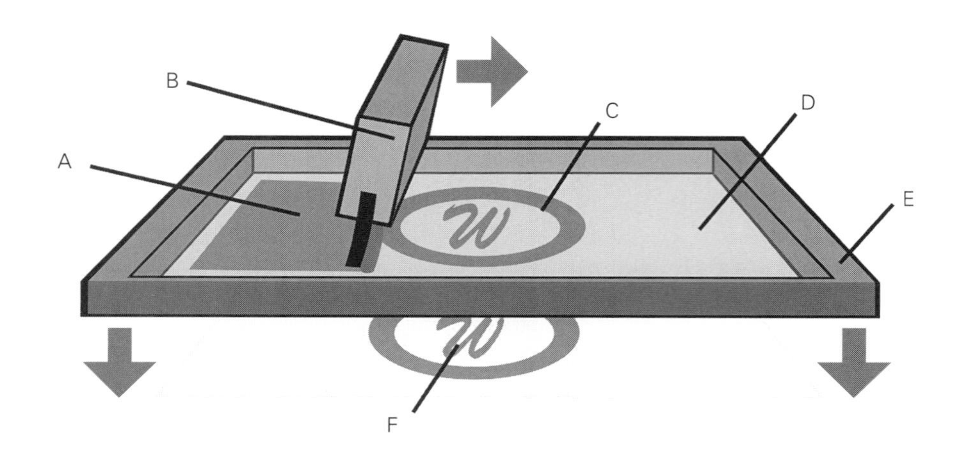

丝网印刷工艺示意

A.油墨
B.刮墨刀
C.图案
D.感光乳剂
E.丝网台
F.印刷的图案

5 产品手板模型

墨客
MOOK 系列
SOYEA
P20 / 62
MOOK

Joyoung 九阳
Joyoung 九阳

豆浆机案例

1 产品背景

随着中国食品安全问题的凸显，越来越多的家庭选择不购买成品食品，转而自己在家中加工食品。所以，从2005年豆浆机出现在市场上开始，家用豆浆机市场需求就一直呈加速增长趋势，而美的、飞利浦等品牌的加入，也使得豆浆机的市场竞争变得更加激烈。

据项目前期的调研显示，九阳公司经过多年的稳步发展，小家电领域市场规模不断扩大，豆浆机市场份额稳居第一。但经过几年的快速发展，市场上的豆浆机竞争已经异常激烈，产品同质化严重。

为了进一步建立九阳公司的自我竞争优势，非常有必要开发一款差异化的产品，使九阳与竞争性品牌完全区隔开，实现其“豆浆机领导者”的品牌形象。

造型雷同的不锈钢杯豆浆机设计

2 项目综述

2.1 设计输入

与以往的项目不同，九阳对于设计目标没有明确的定义。客户在塑料杯体的豆浆机产品上已经有了很好的积累，从产品线的丰富程度来说，他们需要一款新的不锈钢杯体的产品。另一方面，不锈钢材质由于容易清洗，不易积污，较之塑料材质更为卫生，将是未来豆浆机产品的重要材料。但这款产品的外形风格是什么？所具备的功能是什么？其差异化的卖点在哪里？可能打动消费者的亮点在哪里？都需要我们与九阳共同去深入定义。

因此在设计开始之前，设计师首先与客户一同回顾了现有产品的情况，希望通过解构—重组—新生的过程，寻找到设计目标。

2.2 前期调研

2.2.1 同类产品分析

• 产品外形问题

1. 不锈钢豆浆机整体造型风格多样，缺乏系列感；
2. 底盘加热方式受器件限制，耦合器，把手部分造型夸张突兀，与九阳产品风格很难符合；

• 产品材质工艺问题

1. 不锈钢材质的处理比较单一；
2. 不够精致，缺乏品质感；
3. ABS材料显得产品很低端；
4. 装配工艺粗糙。

九阳的加热管加热的不锈钢杯豆浆机

九阳的测加热/底加热的不锈钢杯豆浆机

2.2.2 使用流程分析

• 结论

现有九阳钢杯的外形轮廓、材质工艺、使用方式无法传达给消费者简捷、亲切、时尚的九阳特质。

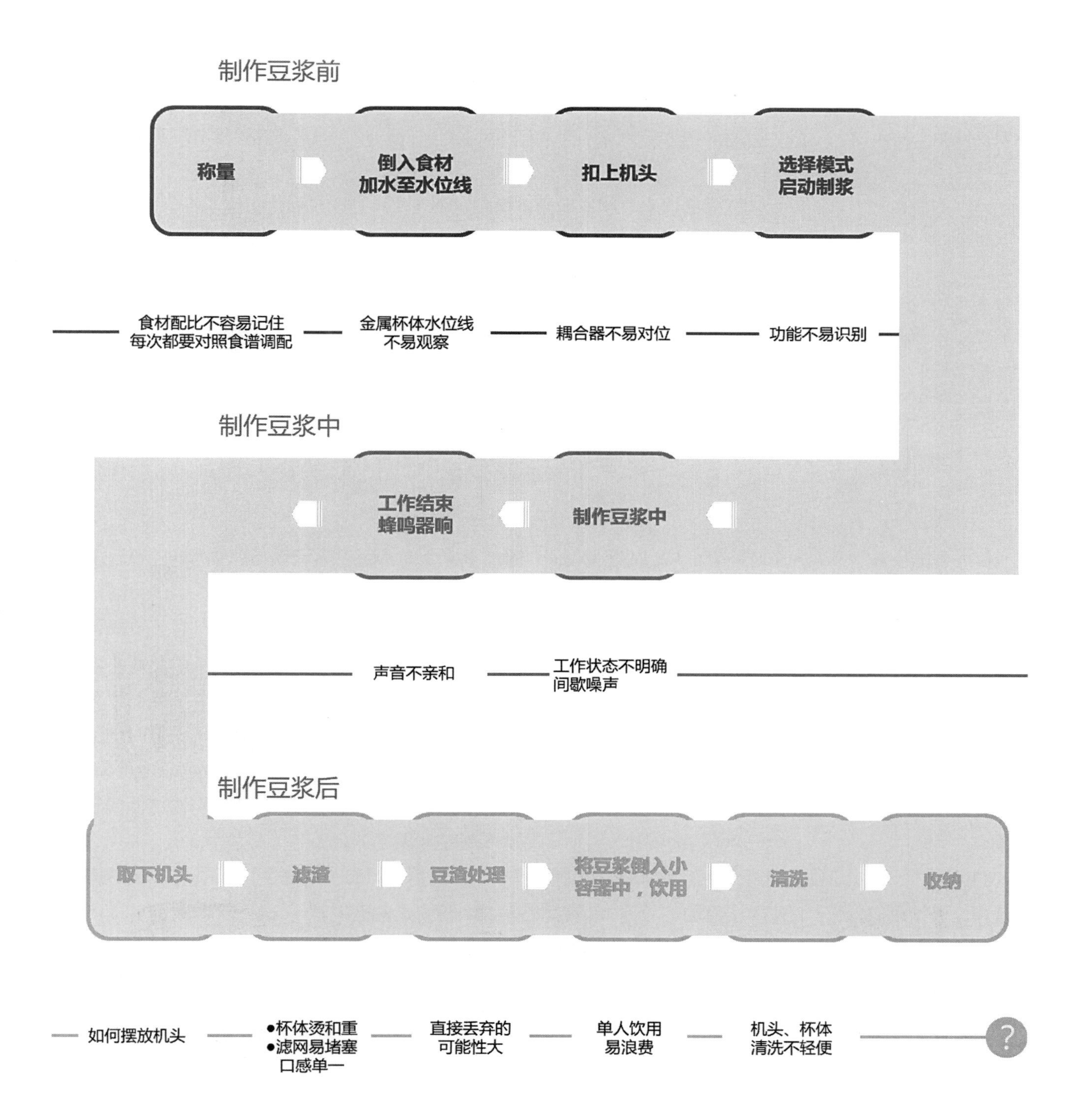

2.2.3 甲方产品品牌分析

品牌定位 Positioning	专注于健康饮食电器的研发、生产和销售的现代化企业
竞争优势 Competitive Strength	作为豆浆机行业的开创者和领导者，持续引领新兴健康饮食电器的技术进步和发展
品牌理念 Slogan	"健康、快乐、生活"
企业目标 Business Goal	实现健康饮食电器产品的多元化经营，持续为客户创造价值，将公司发展成为中国健康饮食电器行业的第一品牌
公司文化 Company Culture	人本・团队・责任・健康
产品关键词 Product Keywords	健康便捷、高品质

作为中国最大的豆浆机生产厂家，九阳公司凭借其现行的优势和技术实力占据九成的市场，具有垄断地位。九阳一直保持着健康、稳定、快速的增长，近五年平均增长率均超过10%，这是一家年轻而充满活力的企业。

九阳的品牌理念是“简捷”“亲切”“时尚”，品牌形象富有生命力，于简洁中透露着一种时尚的现代气息，表现其立志为民众创造健康快乐生活的美好愿望。

如何在产品中体现九阳的品牌特点？在凸凹设计公司，设计师们分析产品时常常用到“三个1”理论，即产品吸引消费者和获得消费青睐的过程中，要经受起三个时刻的考验：

10米远观，消费者对于产品的第一印象来自于产品在终端陈列的整体形象。

1米近看，消费者对于第二印象来自于产品的外观设计，这是触动消费者进行购买的关键时刻。

01米使用，消费者对于产品的第三印象来自于产品的可用性设计，良好的使用体验能将消费者转化为品牌的忠实用户。

理解了这个原理，我们可以将九阳的品牌理念，投射到这三个时刻中。

Joyoung九阳

简捷 亲切 时尚

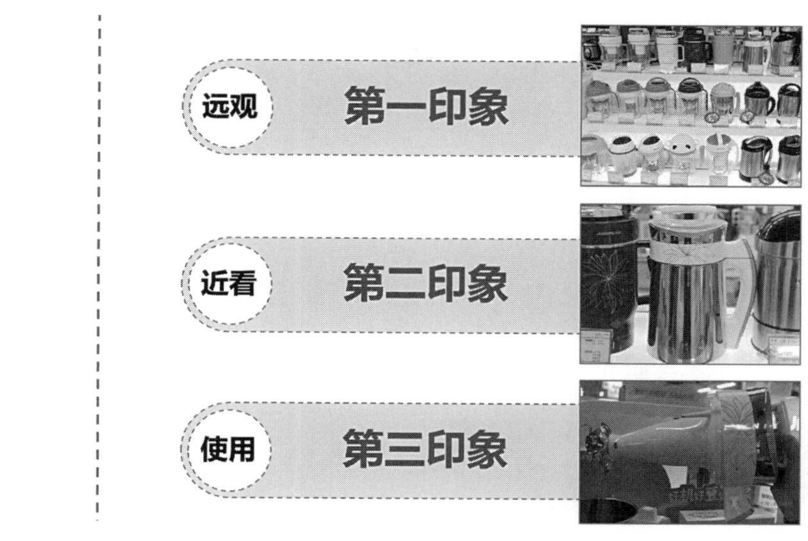

“三个1”理论

2.2.4 设计定位

设计定位是根据“三个1”理论来设定的，即将设计定位投射到3个时刻之中。

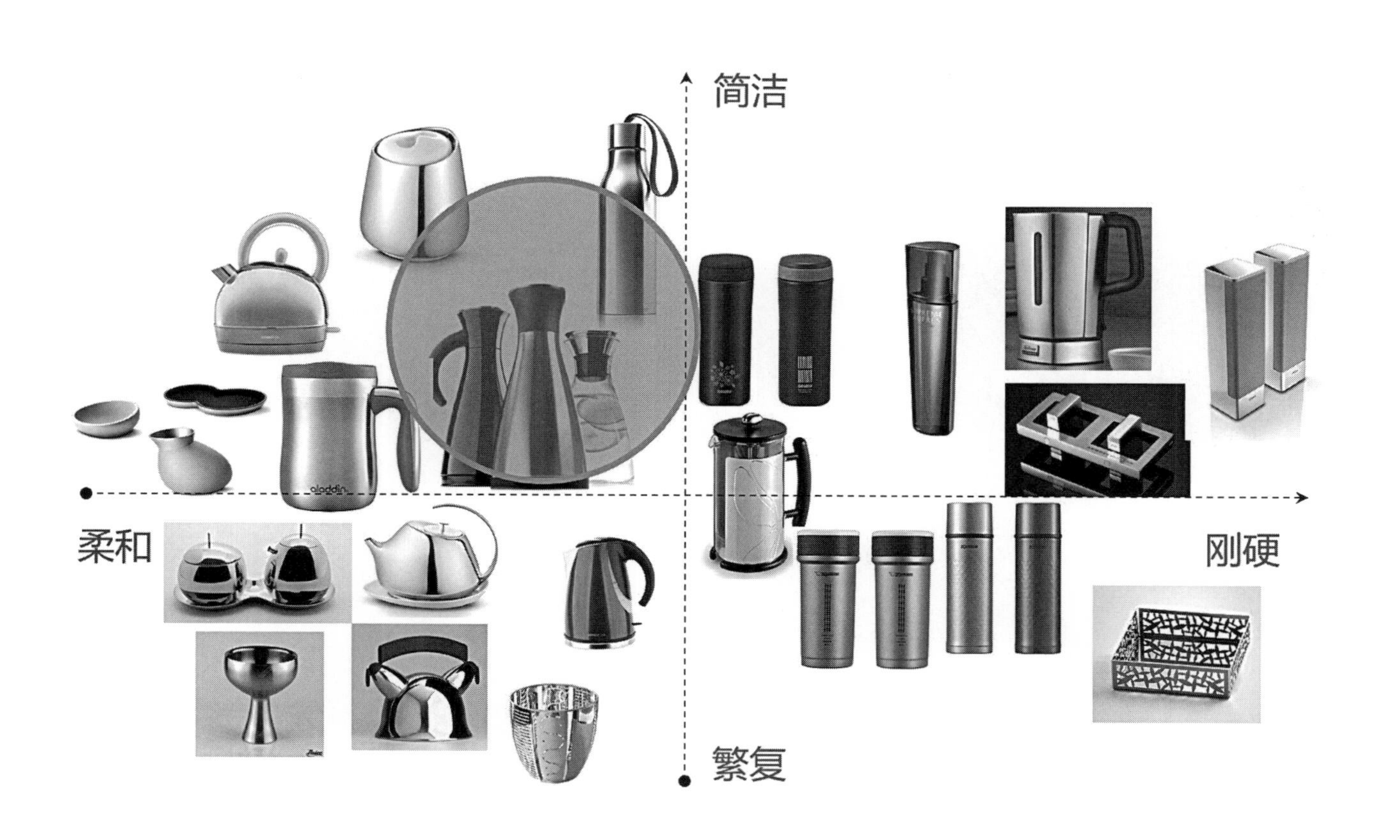

“简捷、亲切、时尚”的品牌定义，决定了产品风格将落于左上角“简洁+柔和”的象限内。但具体来说，“简捷、亲切、时尚”对于消费者又意味着什么？

感官画面	关键词	产品设计表现
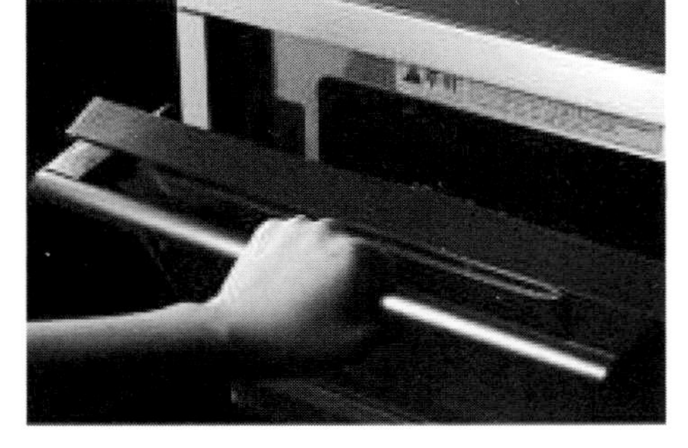	简捷——超好用的	不费力——不出现不良使用 易拿握——轻松拿取 好指示——良好的使用指示
	亲切——有人缘的	好联想——能产生美好联想的形态 无棱角——柔和的形态面间的过渡 成熟的——拥有深思熟虑的线条 可靠的——可信赖的形体特征
 	时尚——有品位的	悦目的——是个“漂亮”的产品 前端的——展示最前沿的风尚

第二印象需要通过材质工艺来体现“简捷、亲切、时尚”，这来自于用户对于产品的触觉、视觉和嗅觉。

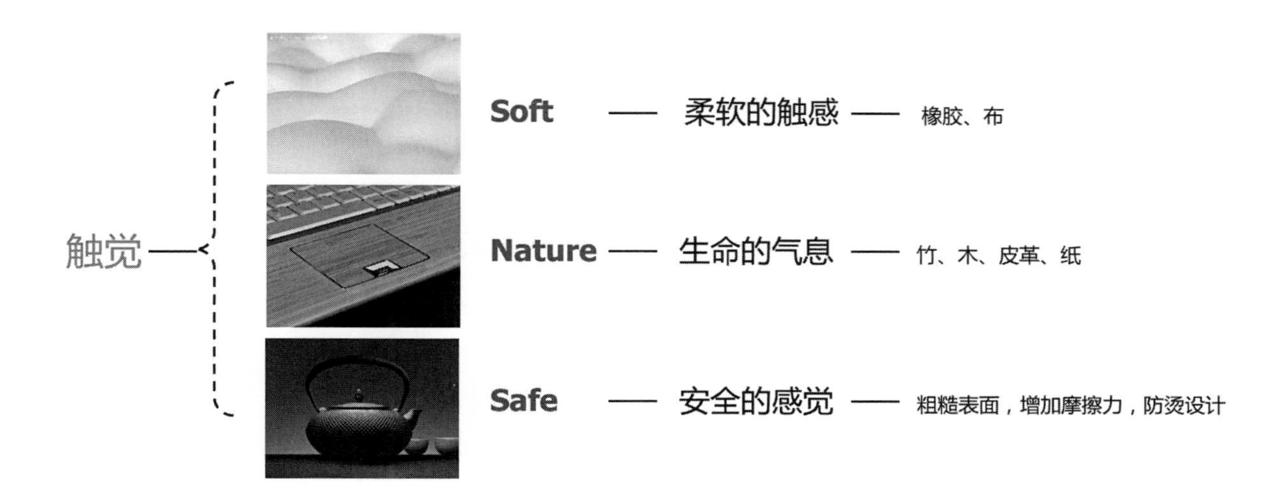

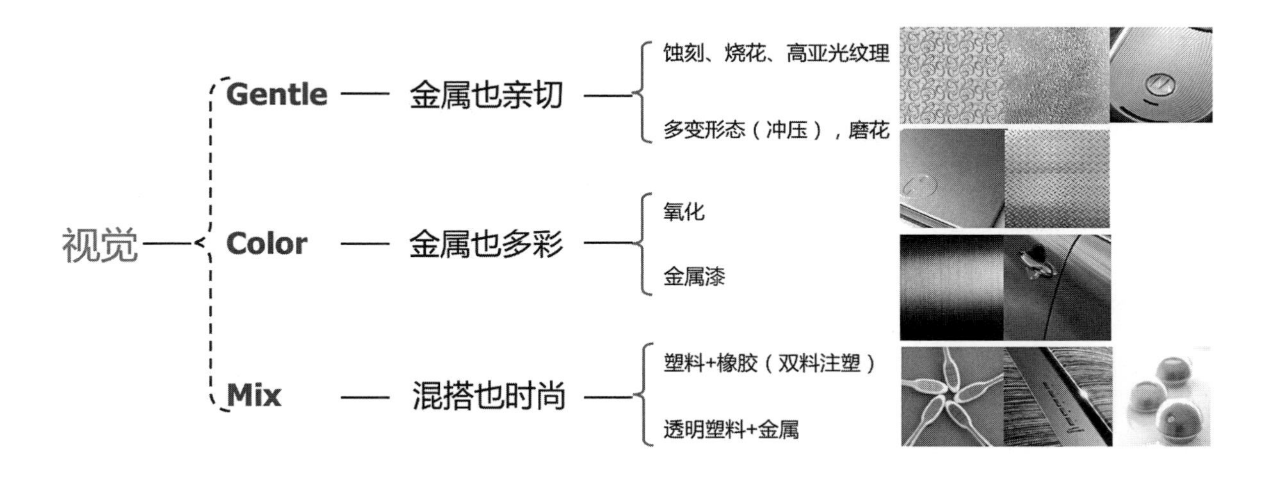

嗅觉 — Clean — 干净无味的

当消费者首次使用产品时，不会闻到难闻的塑料气味。

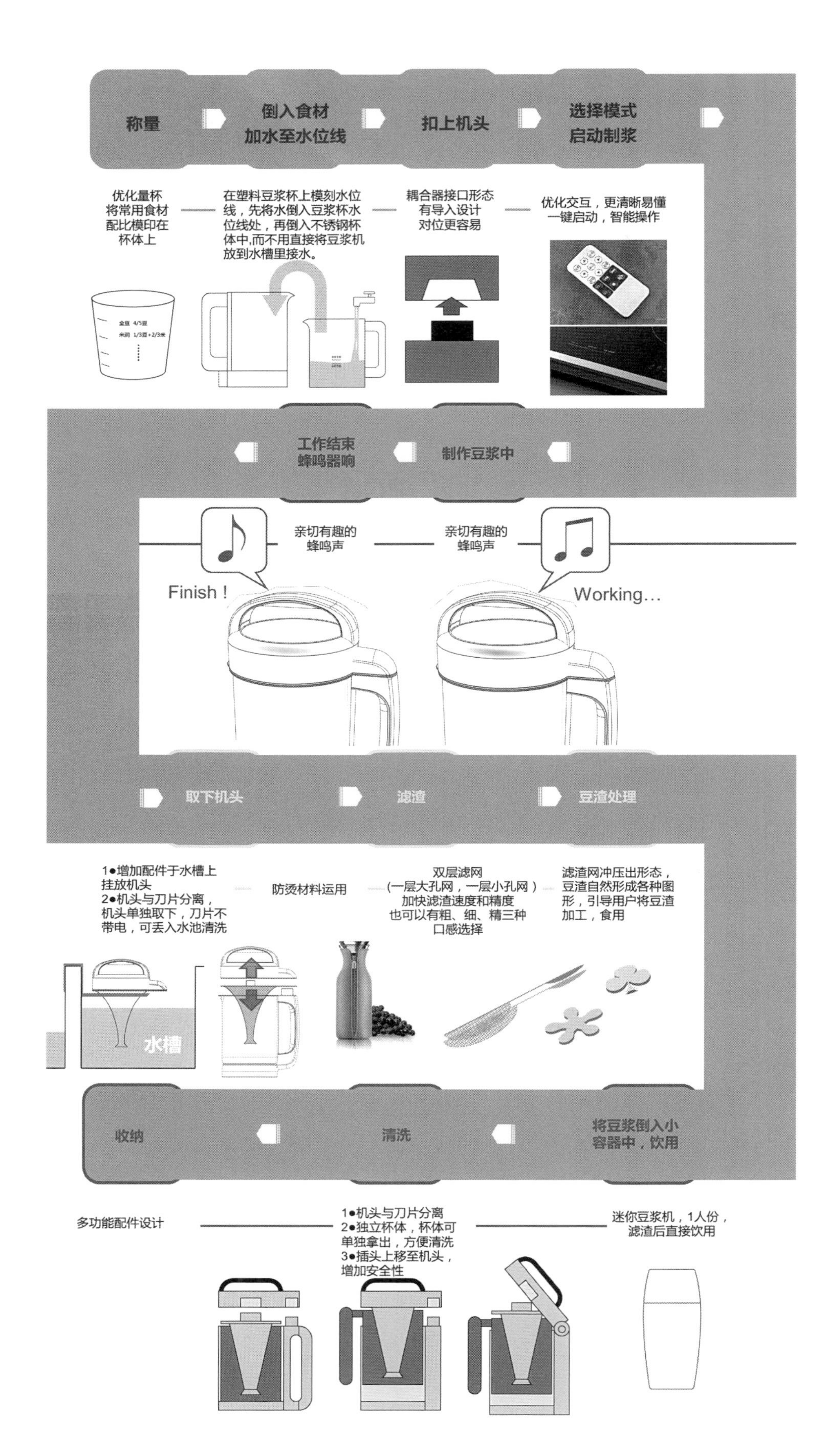

最后是第三印象，通过使用方式和结构的优化体现“简捷、亲切、时尚”的使用体验。这需要细致分析各个使用环节，找到优化的可能性。

最终产品的设计输入被归纳为以下三个方向。

设计策略	内容	描述
A	表面工艺/材质搭配的改变	用皮革、香蕉、竹木等材质优化触觉感觉；用金属漆、透明塑料等材质的搭配优化视觉感受；用无味的塑料优化嗅觉感受
B	结构方式的改变	用机头与刀片分离的结构优化清洗体验
C	新交互方式	用声光和优雅的界面优化交互体验

3 设计过程

3.1 概念与草图

■ *PROJECT* ***C***

THEME: Smart

■ *PROJECT* ***G***

THEME: 马甲

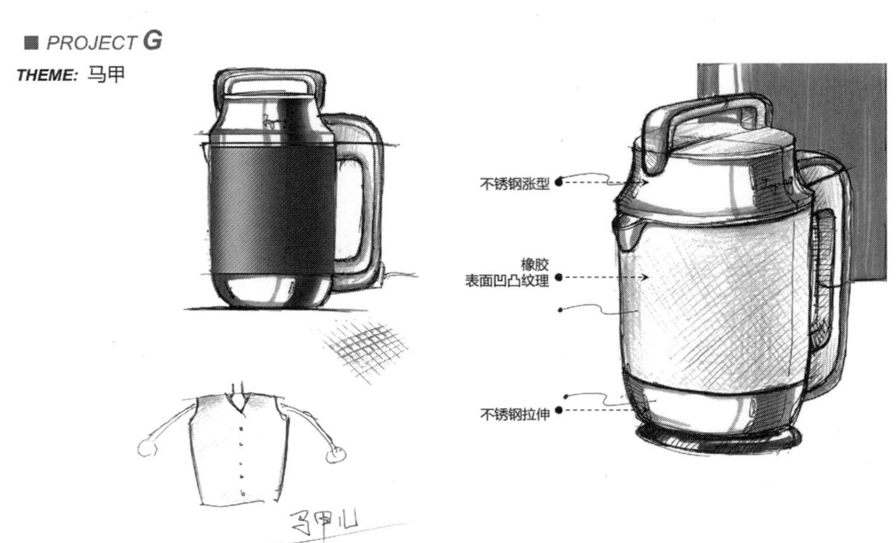

■ *PROJECT* **E**

THEME: 甜蜜系列-蜜

双料注塑
模刻纹理

不锈钢涨形

外杯体双料注塑
外壁全抛光
内壁台阶状纹理

■ *PROJECT* **F**

THEME: 糕点

■ *PROJECT* **B**

THEME: ***礼服***

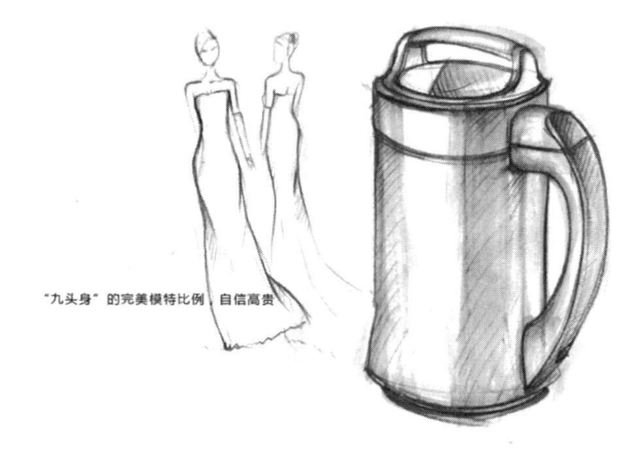

3.2 最终方案

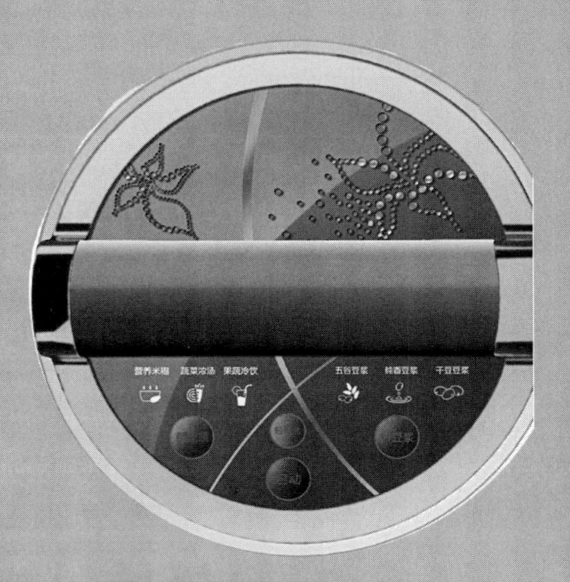

根据之前的产品调研，我们要追求产品有绝对区别于市售产品的外观，并且能在三个关键时刻牢牢抓住消费者的目光。我们不妨来看看新产品如何体现“三个1”理论的。

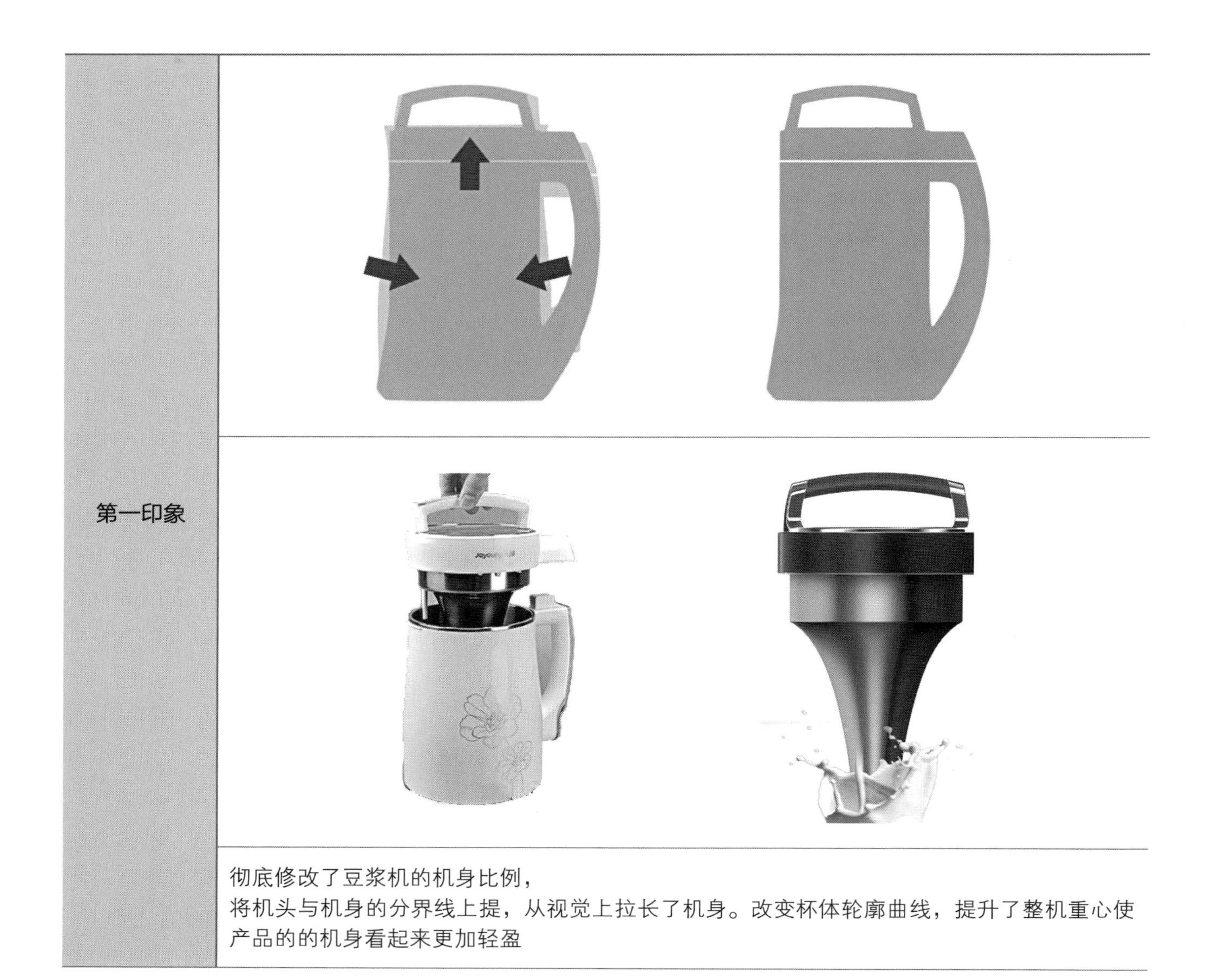

第一印象	彻底修改了豆浆机的机身比例， 将机头与机身的分界线上提，从视觉上拉长了机身。改变杯体轮廓曲线，提升了整机重心使产品的的机身看起来更加轻盈

第二印象

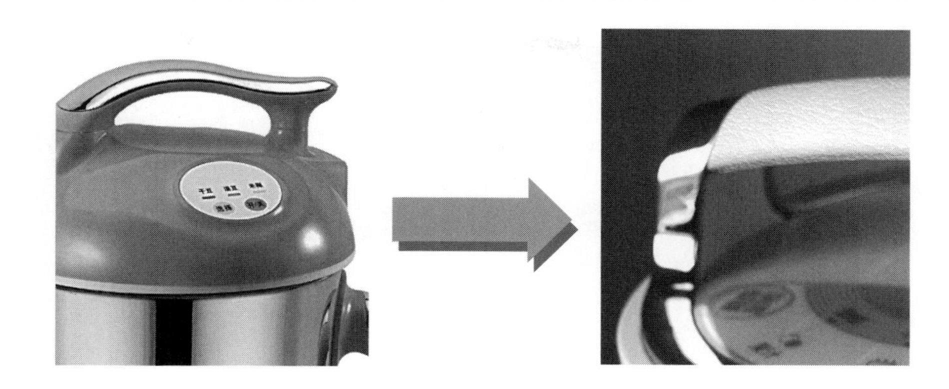

把手的细节处理上，使用了仿皮革的咬花处理，配合边缘的电镀效果处理，与整体外形的“时装感”相呼应，增加了产品的时尚感

塑料机身可以做更多表面处理，表面丝印温馨家居风格图案，图案做了镜面处理，与机头提手的亮泽相呼应

第三印象

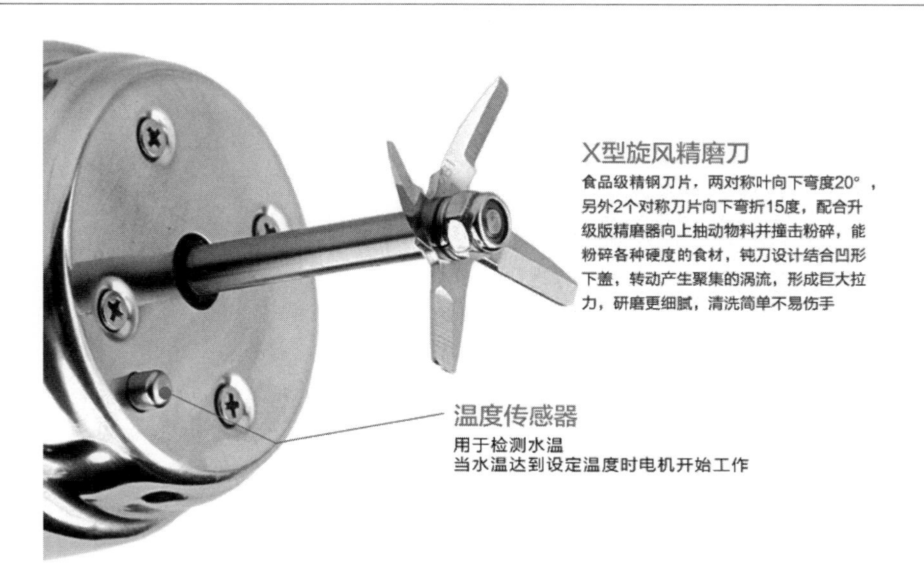

第三印象

文火熬煮

文火熬煮，豆浆特香浓

类似于“煲汤”的原理，大火烧开，小火慢熬；在熬煮过程中，先全功率加热至86度，然后根据营养释放的需要，自动调节加热的功率（或降低或升高），使豆浆煮得透，食材与水充分融合，保证做出的豆浆特香浓。

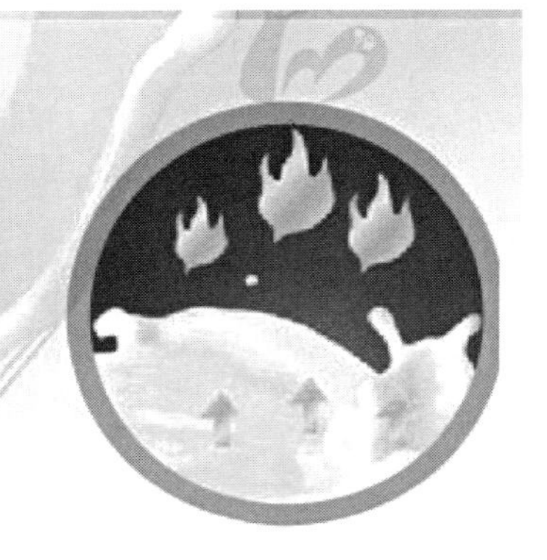

1100～1300ml的制浆容量，是针对典型中国的家庭结构而开发。独有的“精磨器”能实现精细研磨，提高出浆率；“文火熬煮”能保证香醇的口感；“智能温控”能在不同阶段匹配最恰当的温度，利于营养释放，防止营养流失；“免泡豆”更加方便快捷，想喝就喝；皮纹手感的提手设计，增强舒适性和稳定性。超精磨技术电机的应用，高效节能；同时由于电机负荷大大降低，使用寿命比常规豆浆机高出5倍，减少了资源的浪费；低噪声技术的应用，给家人一份静心享用豆浆的惬意

3.3 配色方案

在外形的基础上，我们发散了各种配色方案，并取了不同的名字，决定了灵感来源和文案，这样可以方便客户在后期的营销与宣传文案上使用。同时，不同的色彩也可以吸引不同的消费者，这样在表面处理上做文章来突出产品的系列化与差异，来吸引不同的消费者是一种非常节约成本的方法。

PANTONE Cool Grey 1C

PANTONE 663C

PANTONE Cool Grey 1C

PANTONE 702C

PANTONE Cool Grey 1C

PANTONE 156C

PANTONE Cool Grey 1C

PANTONE 7464C

4 产品实现阶段

4.1 产品结构设计与工艺

• 不锈钢内杯

豆浆机的内杯是不锈钢材料制成，使用了金属旋压的加工方法。旋压加工类似于车削，但是不会削掉金属，而且将金属固定在“拉伸凸模”上，然后一边旋转凸模，一边将金属拉伸成凸模的形状。

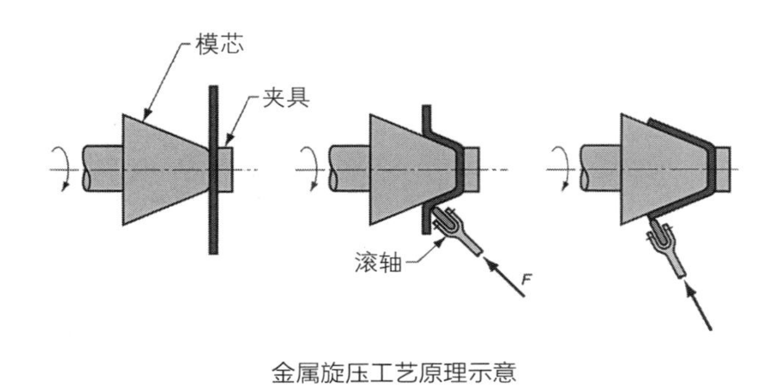

金属旋压工艺原理示意

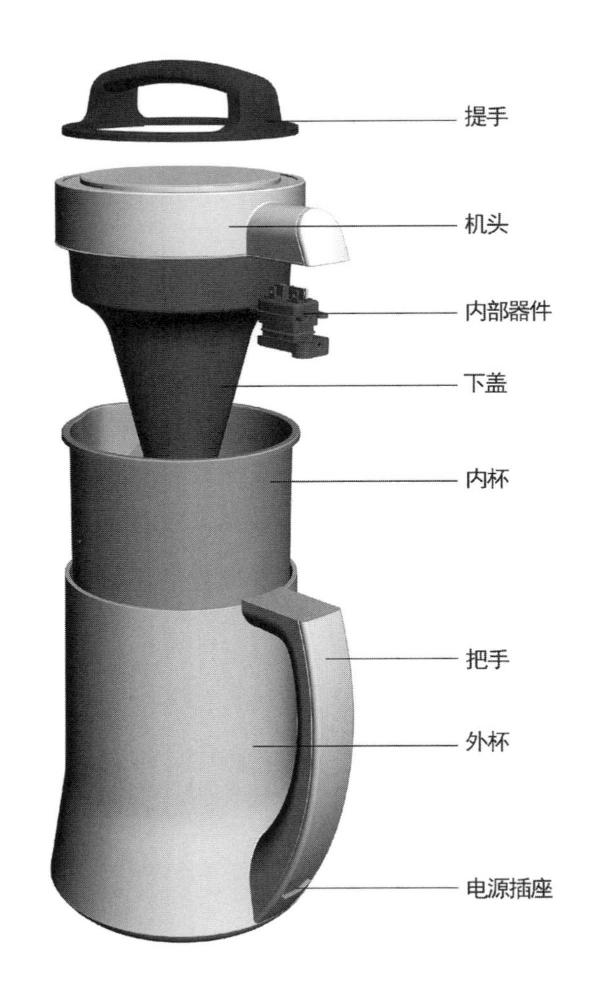

金属旋压机

金属旋压后的成品

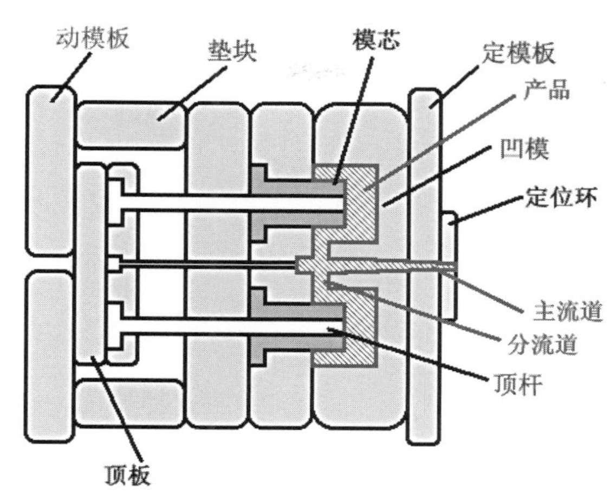

注塑成型工艺原理示意

• 外杯、把手、机头与提手

豆浆机的外杯和把手使用ABS一次注塑成型，并且用到了带有滑块的特种模具，模具成本很高，但是生产速度很快，大规模的生产就可以收回成本，生产每件外壳的时间在20~30秒。

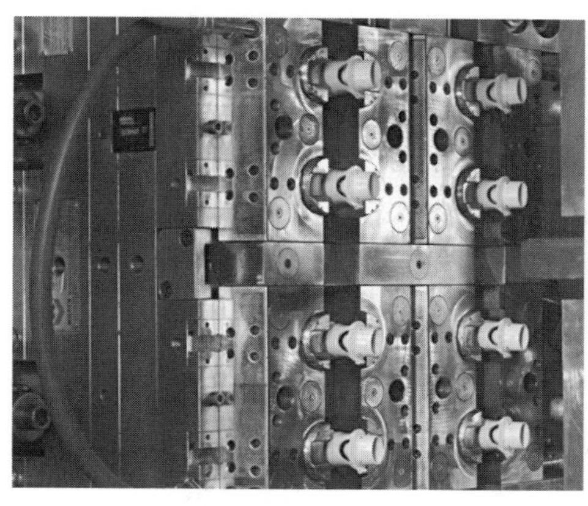

注塑模具

注塑后的成品

注塑后的成品

• 模内装饰

外杯杯身图案使用了模内装饰，模内装饰是一种十分经济的图案加工方式，表面硬化透明薄膜，中间印刷图案层，背面注塑层。因为和在注塑的时候一起加工，所以比丝印速度要快很多。

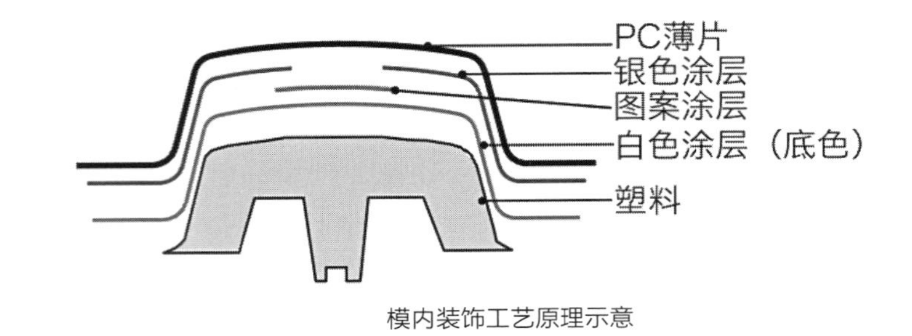

模内装饰工艺原理示意

4.2 各个部件工艺效果解析

工艺文档

① 机头提手手柄：
ABS/表面皮纹咬花处理　参考颜色PANTONE 187C

② 机头提手支架，杯体把手装饰件，底部：
ABS/表面抛光处理/电镀

③ 机头、杯体：
ABS/表面抛光处理/珍珠白

④ 不锈钢杯体：
不锈钢/拉丝处理

							修正说明	
•设计								项目工艺示意图
•审查			姓名	日期	•比例	•图纸尺寸	尺寸（长×宽×高）	TOOUT INDUSTRIAL DESIGN CO.,LTD
•确认					1/1	A3		TEL:(+86)571-88304162 FAX:(+86)571-88269406-808 Http://www.toout.com

豆浆机的工艺丝印文档（制作手板用）

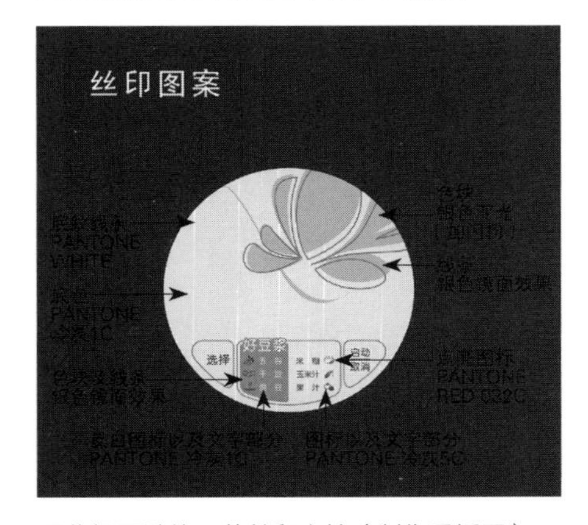

豆浆机面贴的工艺丝印文档（制作手板用）

• 表面细咬花

表面细咬花效果可以用来模仿皮革表面的效果。

咬花效果是通过化学药剂，对产品表明进行蚀刻，使产品表面有类似橘皮、细颗粒的肌理效果。经常用于容易划伤表面的产品上，使产品更加美观。

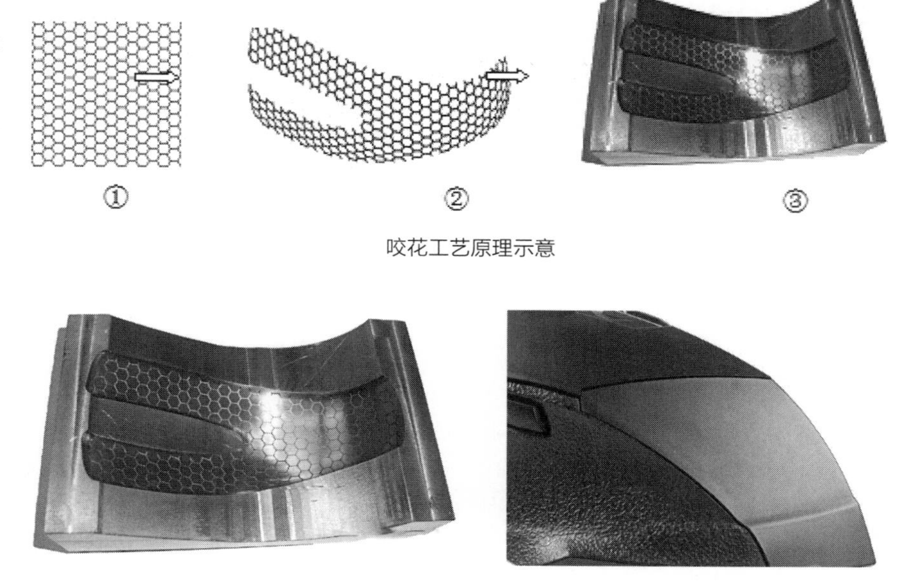

咬花工艺原理示意

咬花磨具

咬花成品效果

• 电镀效果

本案中，豆浆机的把手和顶盖边缘使用了表面电镀的工艺。表面电镀就是利用电解在原来塑料或其他材料表面镀上一层金属的工艺，可以起到抗腐蚀、抗磨损，增加装饰性的效果。

电镀工艺设备

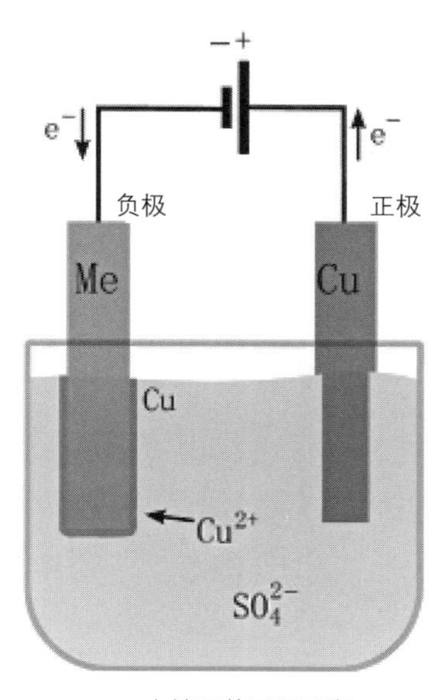

电镀工艺原理示意

电镀工艺成品效果

5 产品手板模型

uniview

高清球型网络摄像机案例

1 产品背景

1.1 市场分析

闭路电视监控系统能真实地反映监控画面，是现代安全管理中的一种有效的工具。闭路电视监视摄像机是监控系统中的一部分，一般分为枪机和球体机两个大种类，下级分为更多的小种类，装置在不同的场景与环境下。

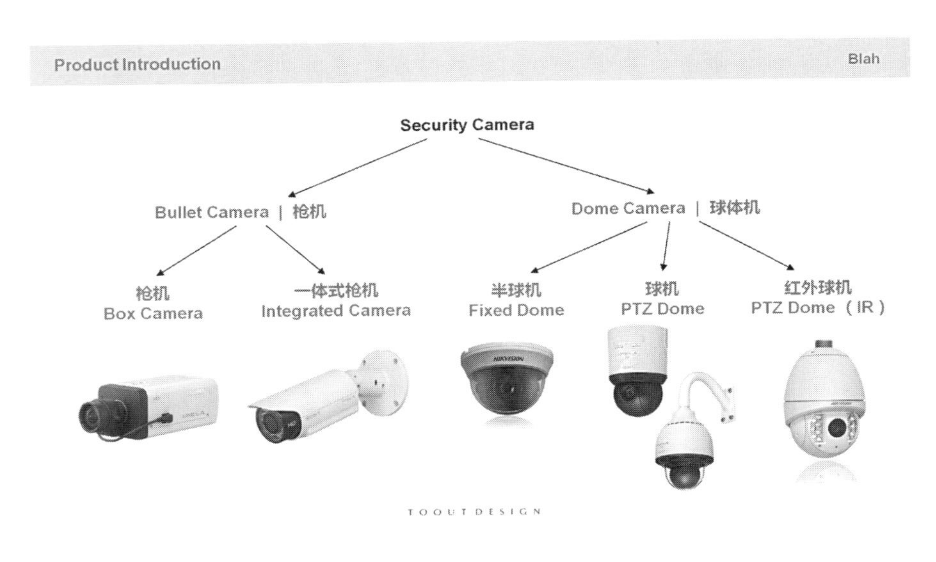

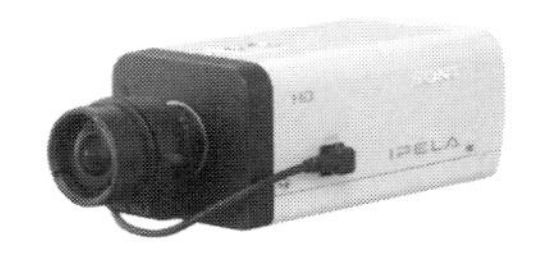

枪机

Box Camera

配件多（镜头可换，可附加室外用箱体，选配各类支架）

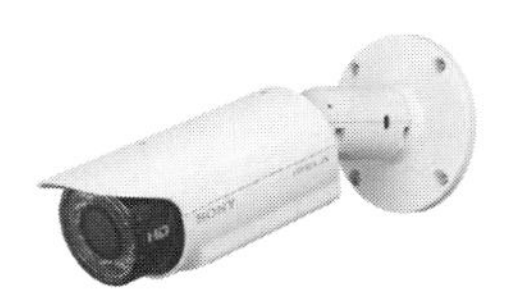

一体式枪机

Intergrated Camera

防护性能较高，造型较优美

半球机

Fixed Dome Camera

镜头固定的机型，一般较小巧

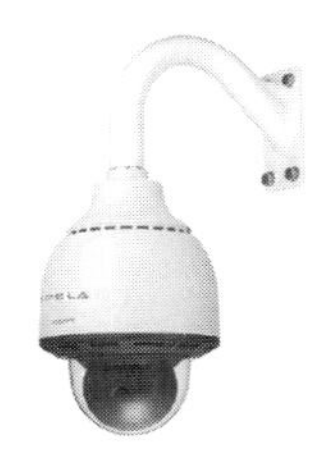

球机

PTZ Dome Camera

镜头会移动的机型，机身较大

红外球机

PTZ Dome Camera（IR）

镜头会移动的机型，配有红外探照灯。中国品牌喜欢推出的产品

2 项目综述

本项目的客户要求我们设计“球机”和“红外球机”，需要凸凹设计公司帮助构建整个监控设备的设计风格（VBL），并希望设计时能多加考虑产品的使用性与功能性问题。

2.1 设计输入

客户提出的设计诉求如下。

产品计划是以高清摄像机为主，走高端路线，所以主打品质感、可靠性。

外观设计要考虑到现场展销会中的展示效果，例如春巡展，安博会等，行业内测评，行业内媒体。

同时，设计要具有一定的系列化可扩展性。

客户也给出了产品的技术文档，并和公司讨论了现有产品存在的问题。要求产品造型最好能解决现有的问题，以增加产品的卖点。

<table>
<tr><td rowspan="7">技术</td><td>使用环境</td><td>室外设计为主要考虑，
进而延伸至室内安装</td><td>室外</td></tr>
<tr><td>安装方式</td><td>吸顶式，吊臂式，顶挂式</td><td>吊臂式</td></tr>
<tr><td>球机尺寸</td><td>直径220–240，高度300±20</td><td>与球机接近</td></tr>
<tr><td>三防标准</td><td>IP66（室外）
IP54（室内）</td><td>IP66</td></tr>
<tr><td>材料</td><td>透明罩：PMMA
主机体：铸铝</td><td>透明罩：PMMA
主机体：铸铝</td></tr>
<tr><td>是否有通风口</td><td>没有</td><td>没有</td></tr>
<tr><td>现存的问题</td><td colspan="2">安装问题：因为机体重量的问题，很多时候需要2人进行安装。抬高球机进行对接也不是一件容易的事情
防水问题：安装在柱子上的机器有机会从不妥善密封的缝隙处进水、雨水倒灌、蒸汽凝结后变成内部积水等</td></tr>
<tr><td></td><td>其他要求</td><td colspan="2">球机的造型要考虑不易积灰，或者可以通过造型解决清洁的问题</td></tr>
</table>

2.2 前期调研

2.2.1 环境分析

首先，我们根据不同的机型分析了使用环境。

机型	使用环境	视觉侧重点	
半球机 Fixed Dome	政府机关 公共安全 工业 交通 商业 医院 教育 餐饮 金融 零售 广泛应用在各种室内空间，隐蔽性强	造型 Form	低调为主，能够有效融于环境
		色彩 Color	颜色有效融于环境，可采用亚光材质减少环境反射
一体式枪机 Integrated	政府机关 公共安全 工业 交通 商业 医院 教育 餐饮 金融 零售 在广泛运用于交通，金融和公共管理等场合，安装使用较为方便	造型 Form	与环境中人的距离较近，造型偏向亲和的专业感
		色彩 Color	同时因室外环境较恶劣，可选用带略微色彩倾向的白色，减少老化带来的视觉落差
枪机 Box Camera	政府机关 公共安全 工业 交通 商业 医院 教育 餐饮 金融 零售 使用环境多为对安全较重视，且具有威严性质的场所，在实现基本监控功能的同时，也起到警示作用	造型 Form	体现稳重和专业的感觉
		色彩 Color	在稳重的基础上点缀金属质感，体现专业、权威

续表

产品	使用环境	视觉侧重点	
红外球机 PTZ Dome（IR）	政府机关 公共安全 工业 交通 商业 医院 教育 餐饮 金融 零售 主要使用在公共户外空间和大型室内商业场所	造型 Form	除镜头之外可与球机通用部件，镜头部分可更具专业感
		色彩 Color	色彩侧重与球机相似，另外可通过色彩的区分凸显红外功能的特点
球机 PTZ Dome	政府机关 公共安全 工业 交通 商业 医院 教育 餐饮 金融 零售 主要使用在公共户外空间和大型室内商业场所	造型 Form	因使用环境较为广泛，故视觉元素应偏向稳重，增强其环境的适应性
		色彩 Color	同时因室外环境较恶劣，可选用带略微色彩倾向的白色，减少老化带来的视觉落差

2.2.2 同类产品分析

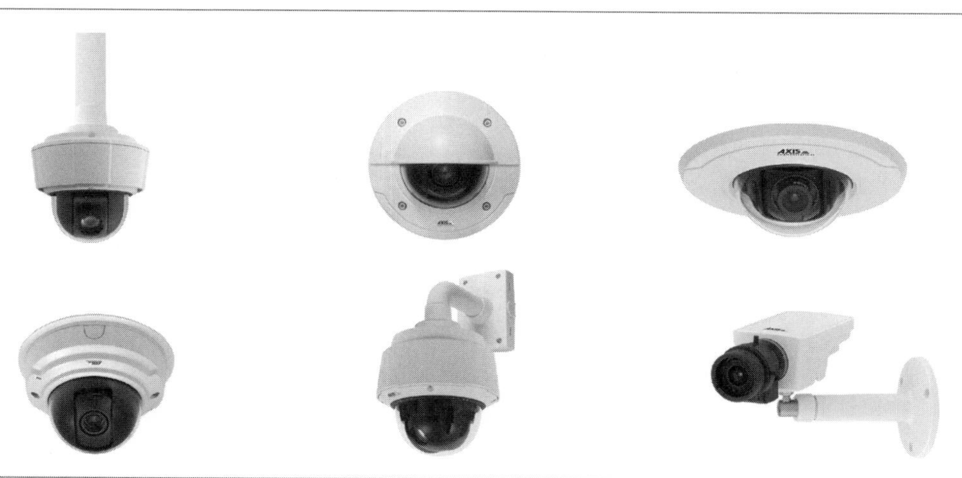

STYLE | 视觉风格	较为理性的造型体现功能化，专业的视觉识别 简约折面堆叠 在圆柱体与长方体上增加外凸的板块，构建层次感与刚强感的家族视觉风格，外露的螺钉表现实在的功能性

BOSCH

STYLE | 视觉风格	具有丰富的造型元素和视觉语言。 产品的外观反映其特定功能与使用环境，同类型产品识别度较高，但整体品牌产品元素不够统一。精致的支架设计与螺钉配置，带出结实、可靠与高品质的感觉

SONY

STYLE | 视觉风格	亲和的几何形态 在不同的摄像监控产品拥有完整家族感的同时，也保持与其他产品之间的统一性，运用与众不同的颜色分割和简约的形态特征，形成统一视觉识别

SAMSUNG

STYLE | 视觉风格	黑白简约弧面 产品的整体视觉感受较为亲和优雅，主要通过简约的线性和局部的折面细节统一整体视觉风格。以颜色区分枪机与球机/半球机这两大产品类别

Panasonic

STYLE | 视觉风格	柔和的曲面造型 通过运用具有光泽的金属质感，体现一种柔和的科技感，同时通过环状的线条体现产品的精致感，形成家族感

各品牌产品设计风格定位图示：

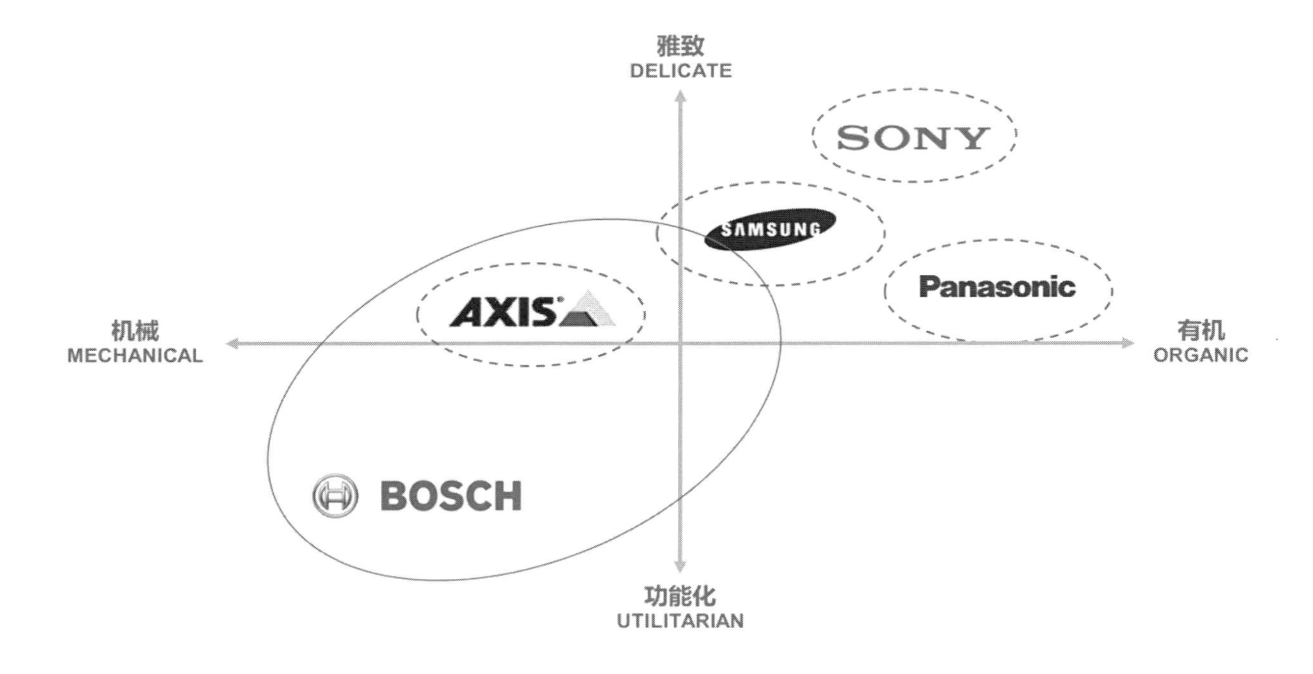

2.2.3 甲方产品品牌分析

品牌定位 Positioning	中国的高端监控设备品牌，可媲美外国品牌
竞争优势 Competitive Strength	国际领先的网络和后台 『整体解决方案』的提供者 产品的稳定性与质量
品牌理念 Slogan	创新监控，品质安防
企业目标 Business Goal	成为国内最专业的安防企业
公司文化 Company Culture	公正、精简、合作、开放
产品关键词 Product Keywords	高品质，易安装，耐用，易修理

根据客户的对品牌的定位，我们为客户的品牌确定了其“品牌语言”。

融合 INTEGRATIVE	人性化 HUMANISTIC	创新 INNOVATIVE	卓越 BRILLIANCE

2.2.4 设计定位

通过竞争对手产品定位的分析和对客户品牌定位的分析，我们决定了三个可以抢占的设计定位。

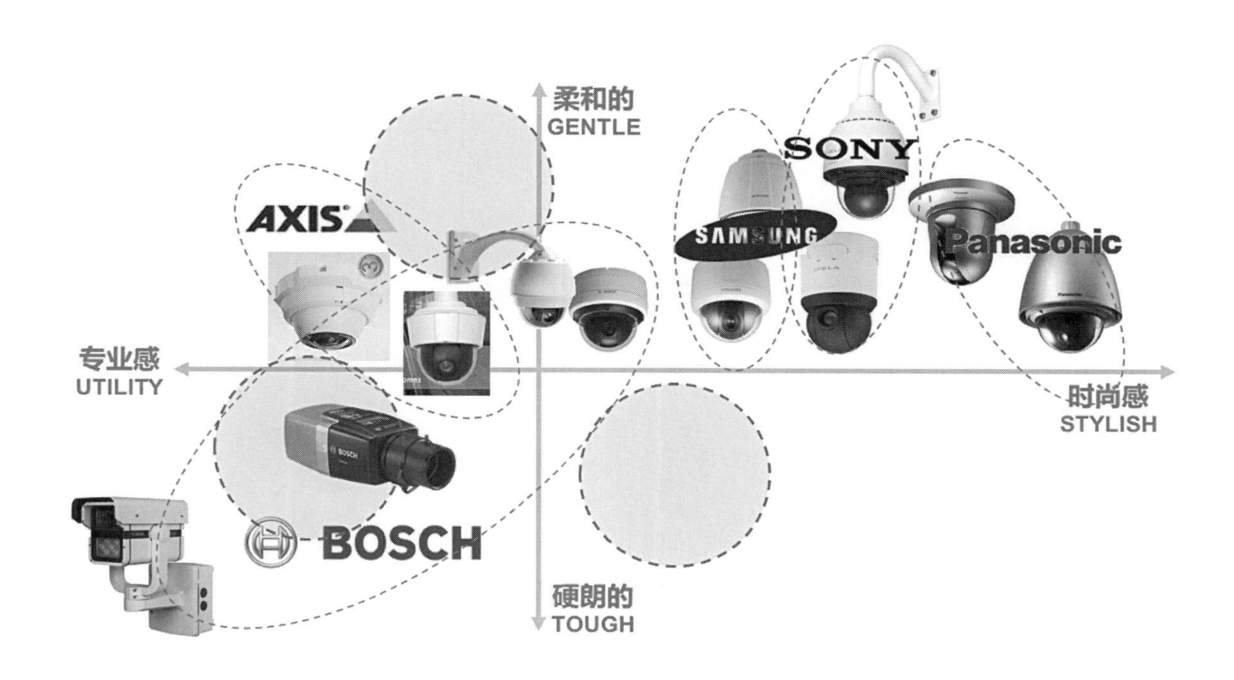

根据我们确定的“品牌语言”，我们选择了“柔和的”方向与“专业感”方向的设计定位意向。

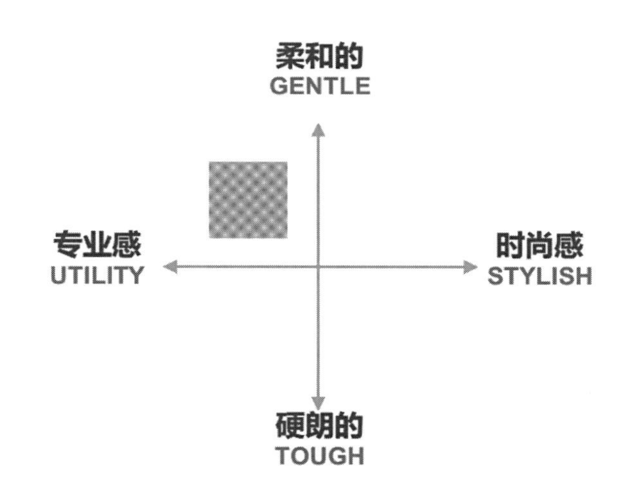

3 设计过程

3.1 概念与草图

在前期调研基础上进行概念草图的绘制，决定设计方向。

运用四条渐消线围合成圆到方的过渡形态，简约而理性，彰显极强现代感的专业气质。

简约的设计风格让设计更显自信。搭载汇聚平行线的设计元素展现出一种硬朗而不失时尚的视觉感。

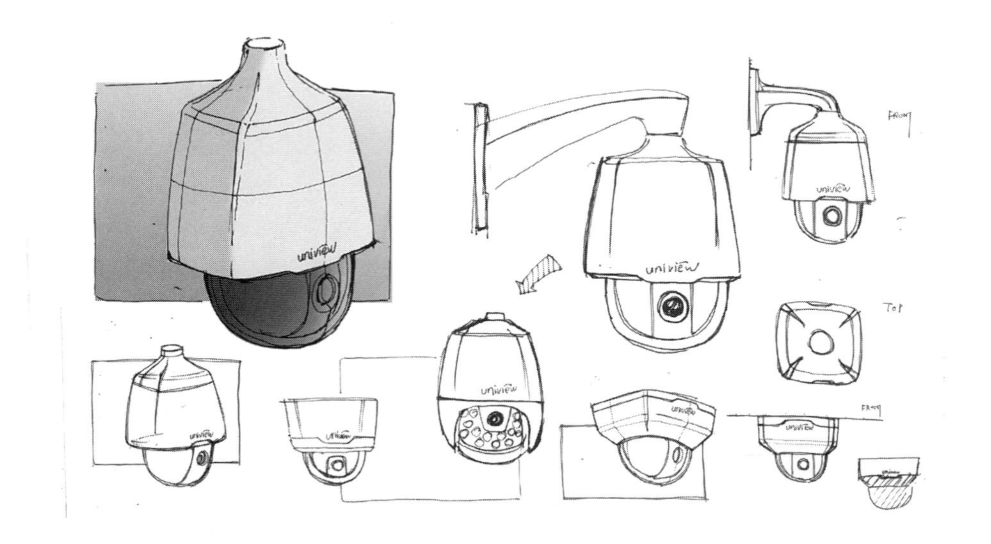

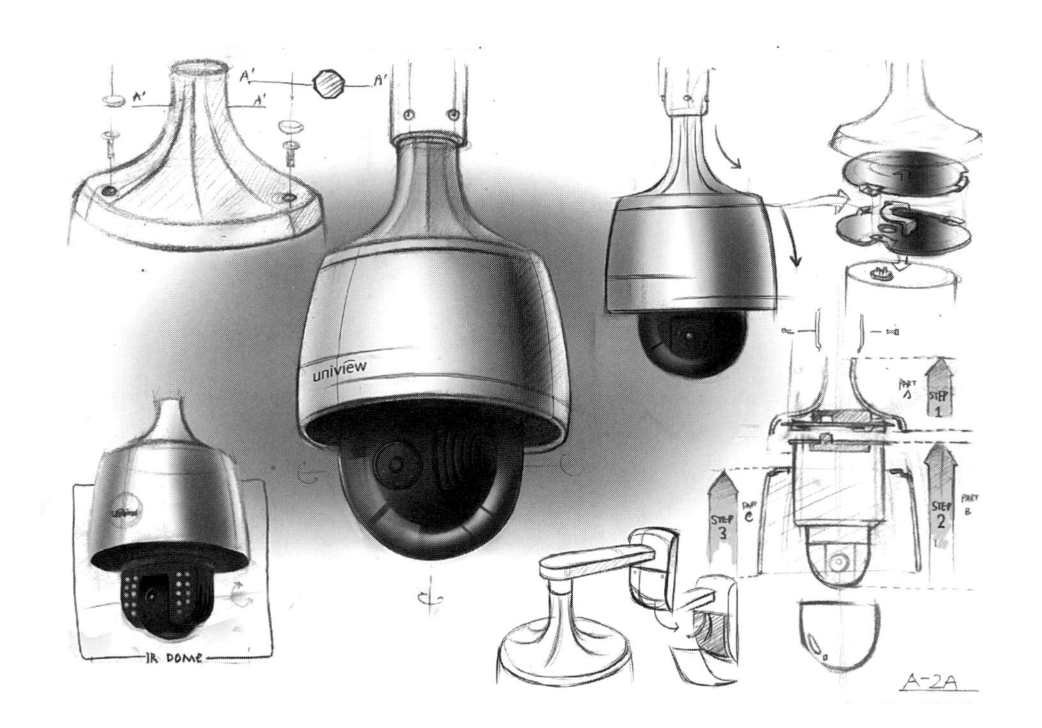

3.2 最终方案

底盖增加“U”形散热口，元素与主机视觉元素相呼应，同时镜头护照采用切面设计，形成的平面生浮雕LOGO，在细节上强调品牌。

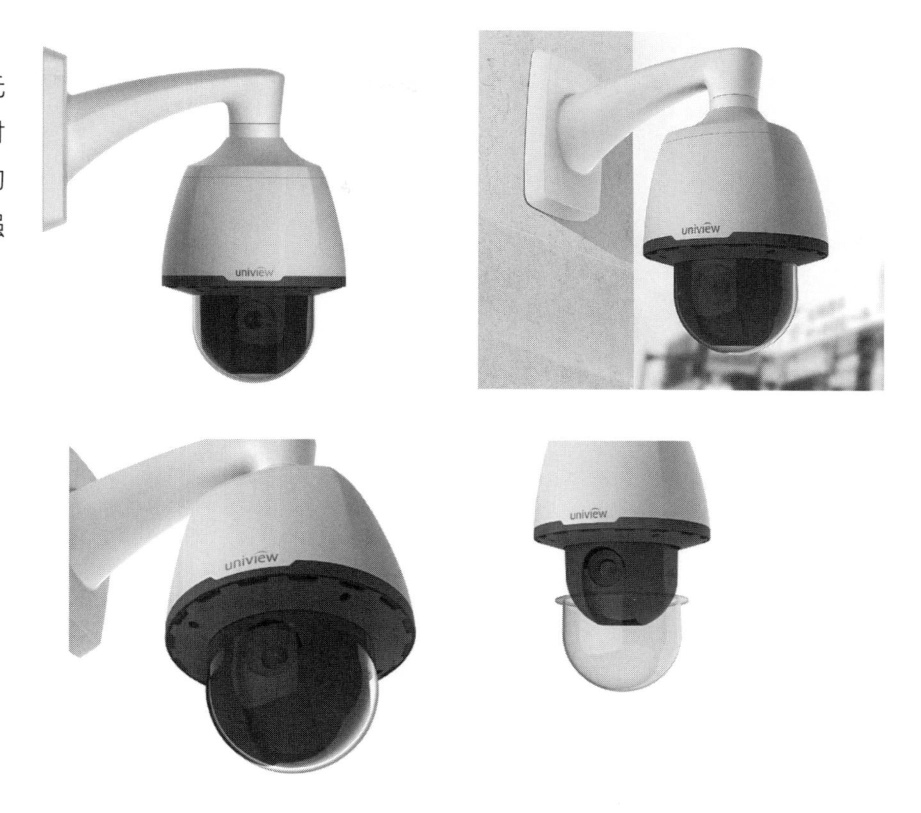

3.3 配色方案

项目组总共为客户提供了三种配色逻辑，从左至右分别为“三色方案”“双色方案”“哑黑色方案”。

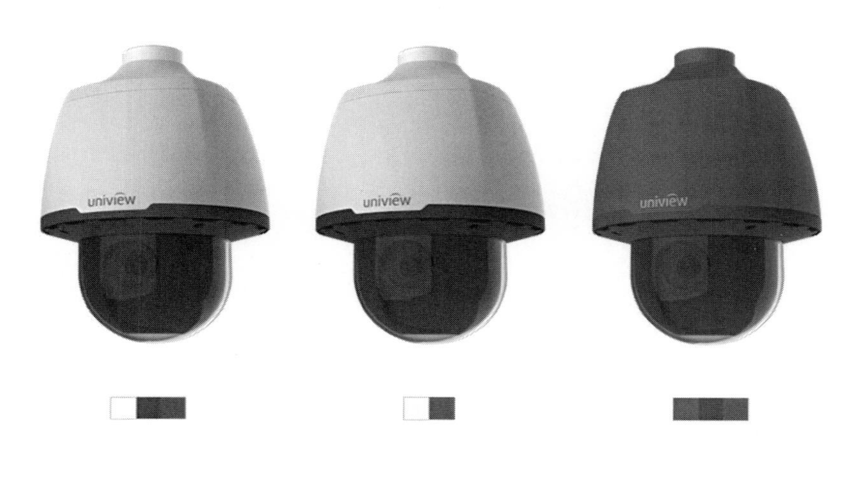

• 三色方案考虑了以下因素

自然环境光线对产品的影响、产品老化后表面色泽的变化、安装环境的反射色调，因此选择RAL 9002（Grey White）作为主体色。

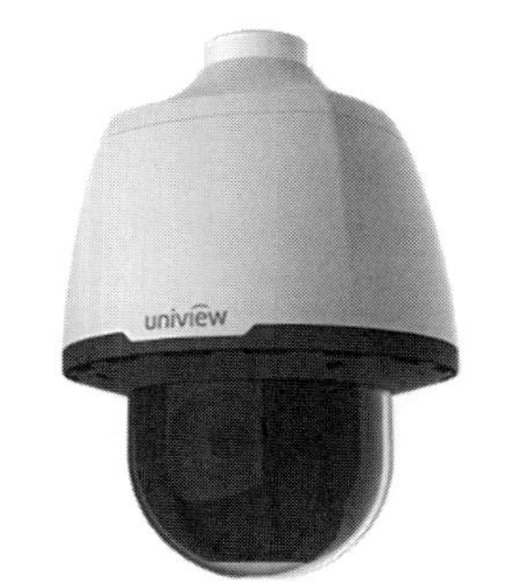

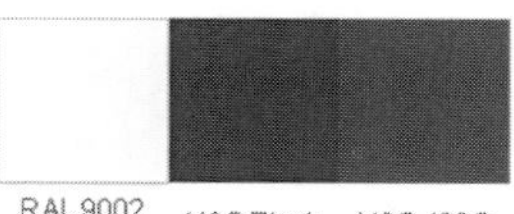

• 双色方案

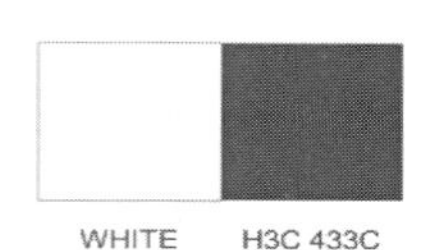

• 哑黑色方案

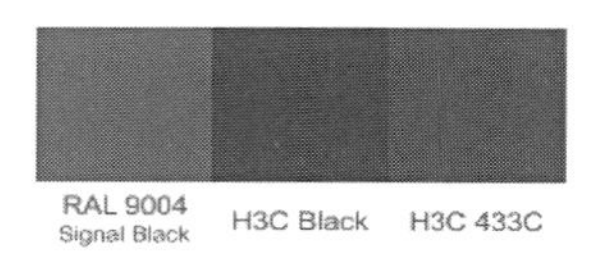

4 产品实现阶段

4.1 产品结构设计与工艺

在产品外形模型确定以后，工程师会根据功能需求及内部器件尺寸、摆放，将产品外形模型修改成可供加工的工程模型文件。在修改中往往会加入固定件、加强筋等。在此过程中，客户与设计公司会进行多次、频繁的沟通，对产品的每个细节进行讨论，以确保最终实现量产。

这个环节是繁琐而枯燥的，但却是通往完美产品的必经之路。以下展示的是结构设计过程中的很小一部分沟通内容。

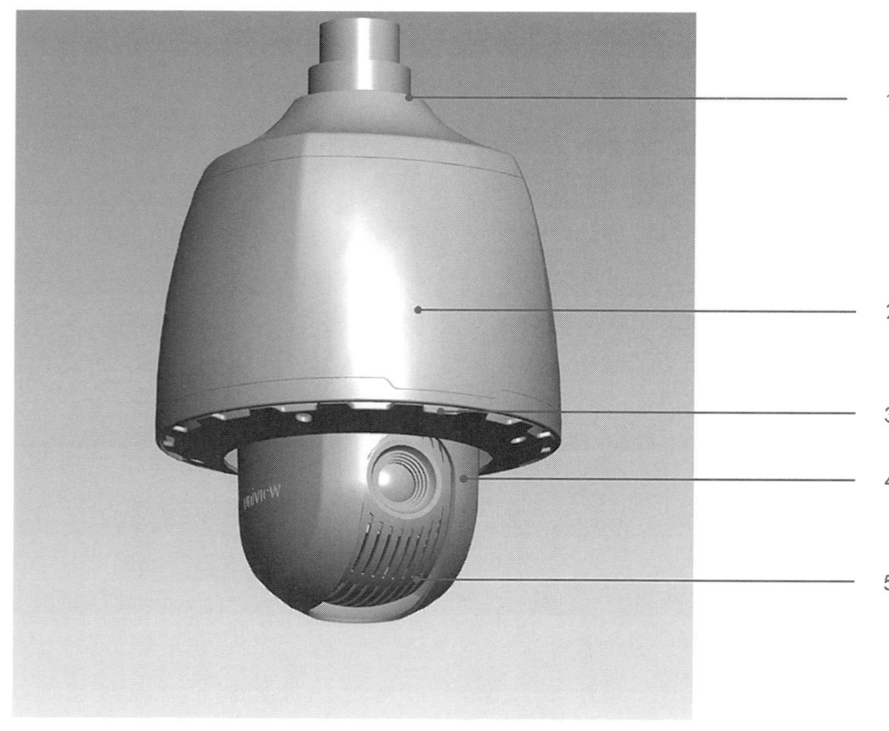

1. 此处以增加通风空间（5mm）

2. 外壳以加长10mm

3. 散热孔宽度加至5mm

4. 镜头护罩形态做相应调整（保持了U形特征同时内部空间有所加大，SD卡空间已在模块中体现）

5. 内部球罩增加了散热口

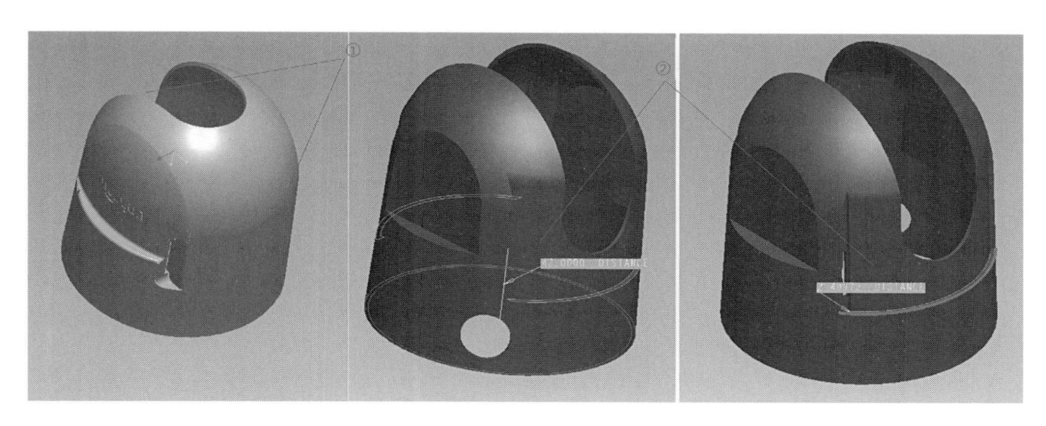

在前后部位加进右边图示特征，加大机芯外罩与透明球罩之间的距离，前后切进2~2.5mm。

① 此处因为有密封安装槽，斜角处堆料较多，应适当加一圈切平处理。

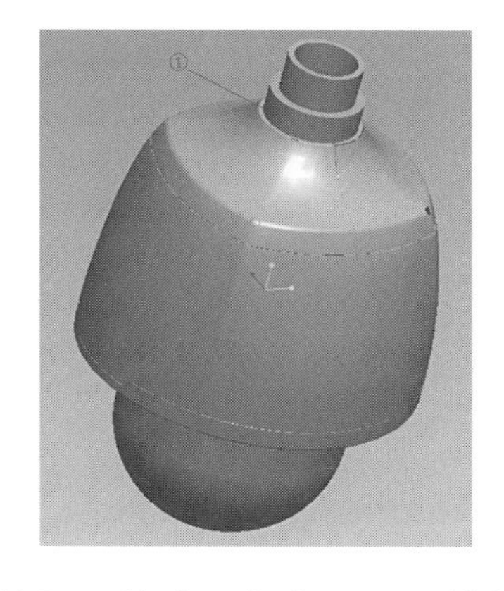

② 此处需要缝隙，宽度5mm，转接环直径在55~60mm范围。

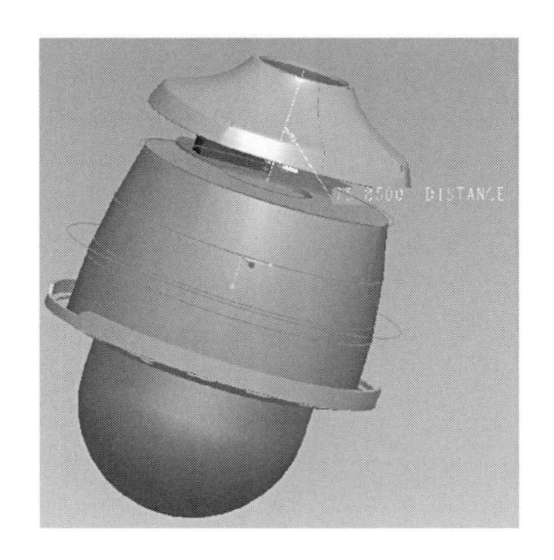

整机外壳的高度已经调整，透明球罩的直边高度较ID模型降低了10mm左右，外壳相应加长，目前满足15度仰角。

这个高度后续可能调整为65 mm ± 3mm，即总高由300mm降为290mm左右。

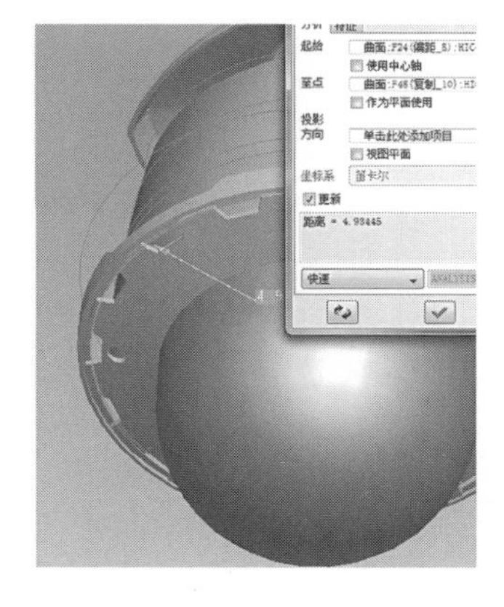

这个高度后续可能调整为65 mm ± 3mm，即总高由300mm降为290mm左右。

开孔宽度不低于5mm，散热角度希望得到更大的开孔率，因此开孔大小需要调整。

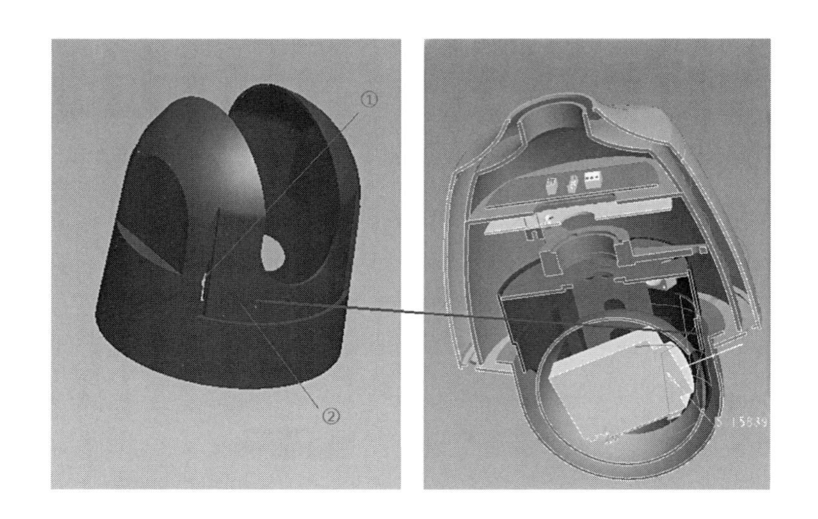

SD卡出口

切料是为了获得更大的通风空隙。

• 结构爆炸图

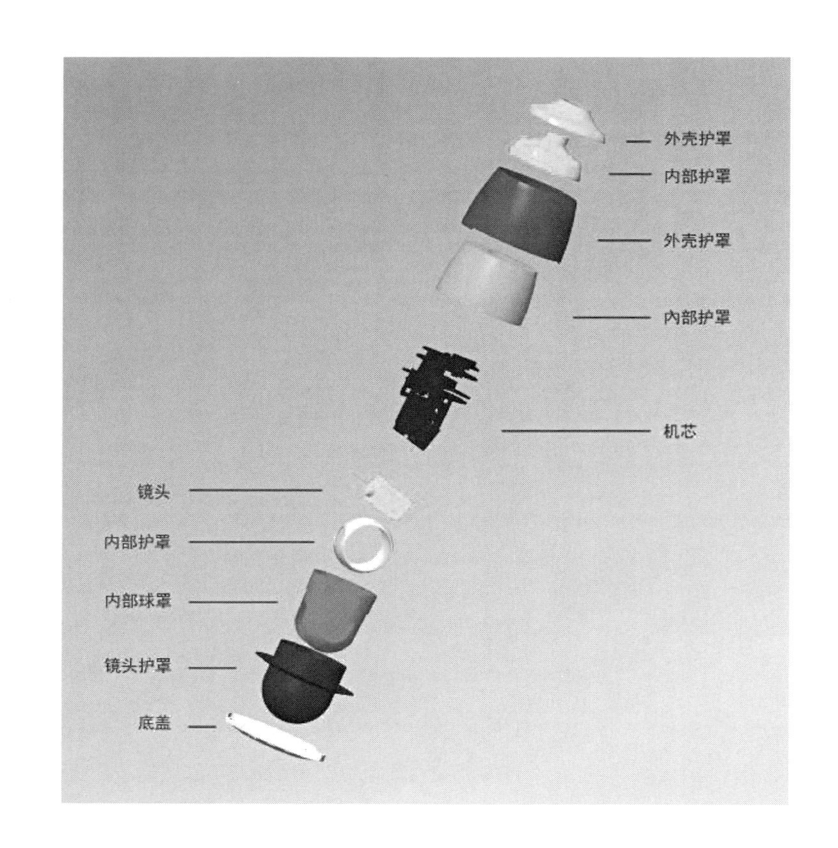

• 铸铝外壳

铸铝是一种针对铝合金常用的成型方法，相对于机械加工，铸铝的加工速度更快，外形也更更加丰富，可以将铝合金铸造成有双曲面的形状，而同样的双曲面在机械加工如铣削加工中是做不到的，所以经常用来加工产品的外壳。

铸铝要用到的铝材是铸造铝合金，不同成分不同配比的铸造铝合金有不同的用途，通常会加入硅、镁、铜、钛等金属来增加铝合金的机械性能和铸造性能，常用的铸造方法有压铸、精铸、低压铸、永久模具铸造等。

该项目的产品使用永久模具铸造法，先将模具预热，然后将液态铝注入模具中，然后再注入合金，待其冷却后开模，即可得到铸铝合金件。

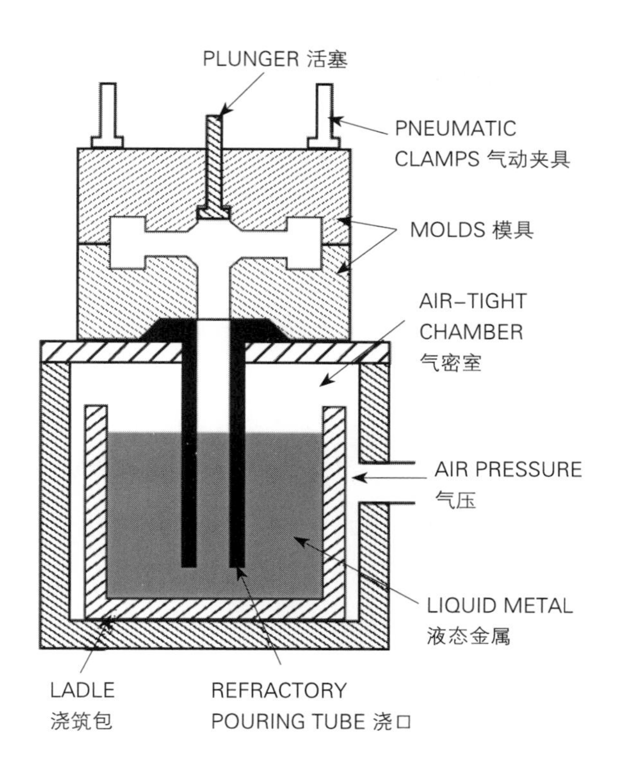

铸铝工艺原理示意

4.2 各个部件工艺效果解析

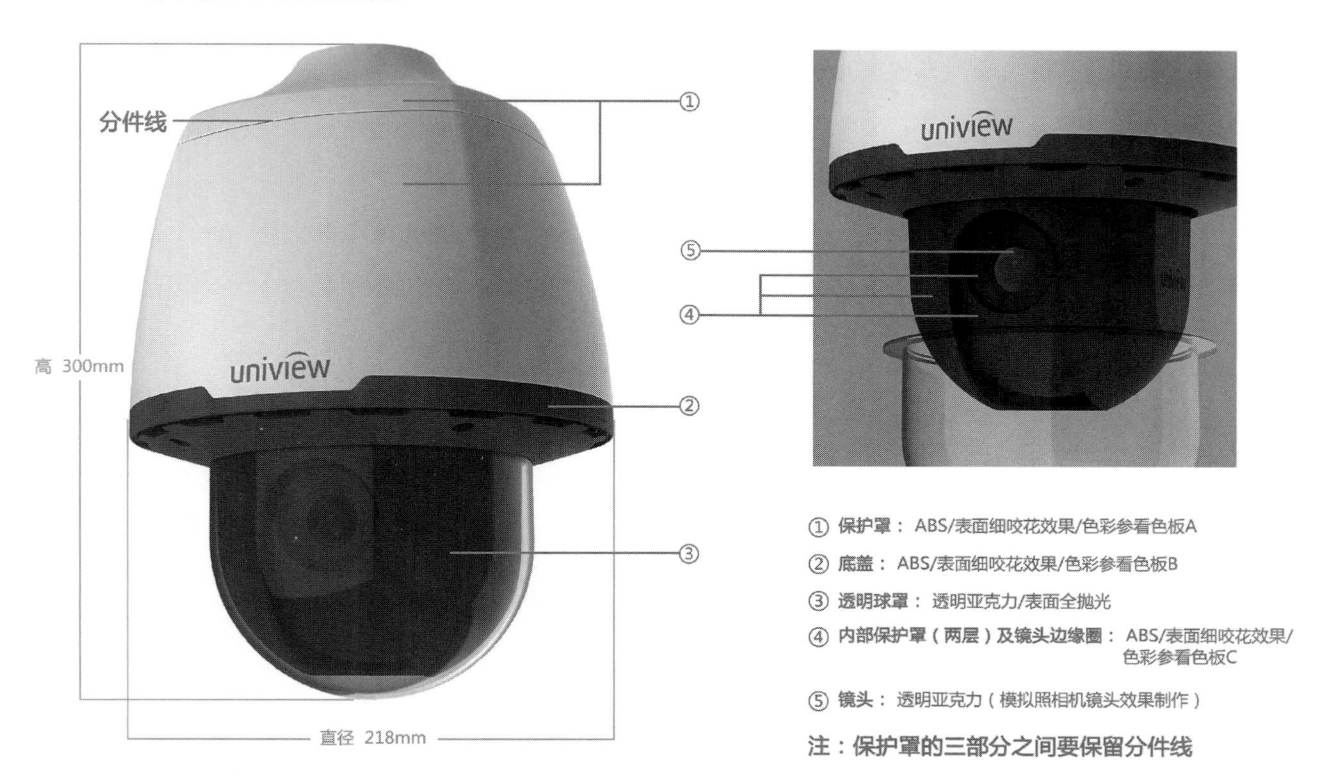

① **保护罩：** ABS/表面细咬花效果/色彩参看色板A

② **底盖：** ABS/表面细咬花效果/色彩参看色板B

③ **透明球罩：** 透明亚克力/表面全抛光

④ **内部保护罩（两层）及镜头边缘圈：** ABS/表面细咬花效果/色彩参看色板C

⑤ **镜头：** 透明亚克力（模拟照相机镜头效果制作）

注：保护罩的三部分之间要保留分件线

4.3 产品装配现场图片

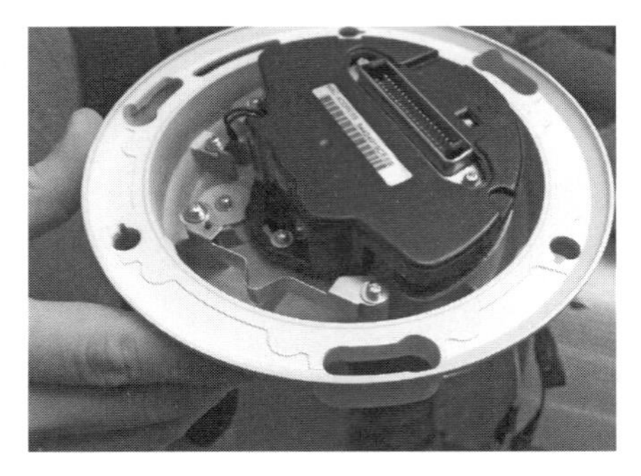

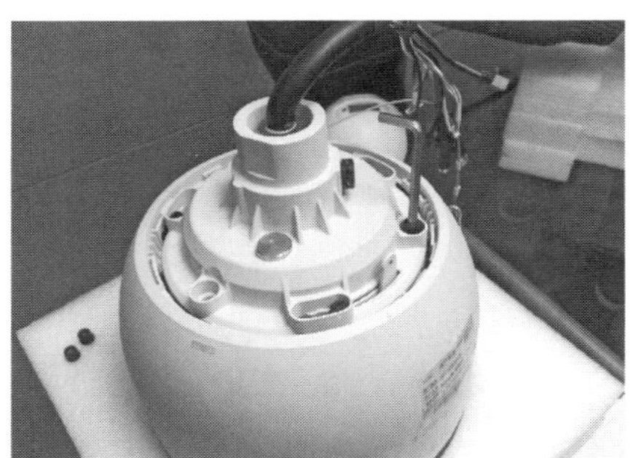

5 最终产品照片